目录

CONTENTS

第一章
奇怪的动物

目录
CONTENTS

第二章
奇怪的植物

崔钟雷 主编

知識出版社

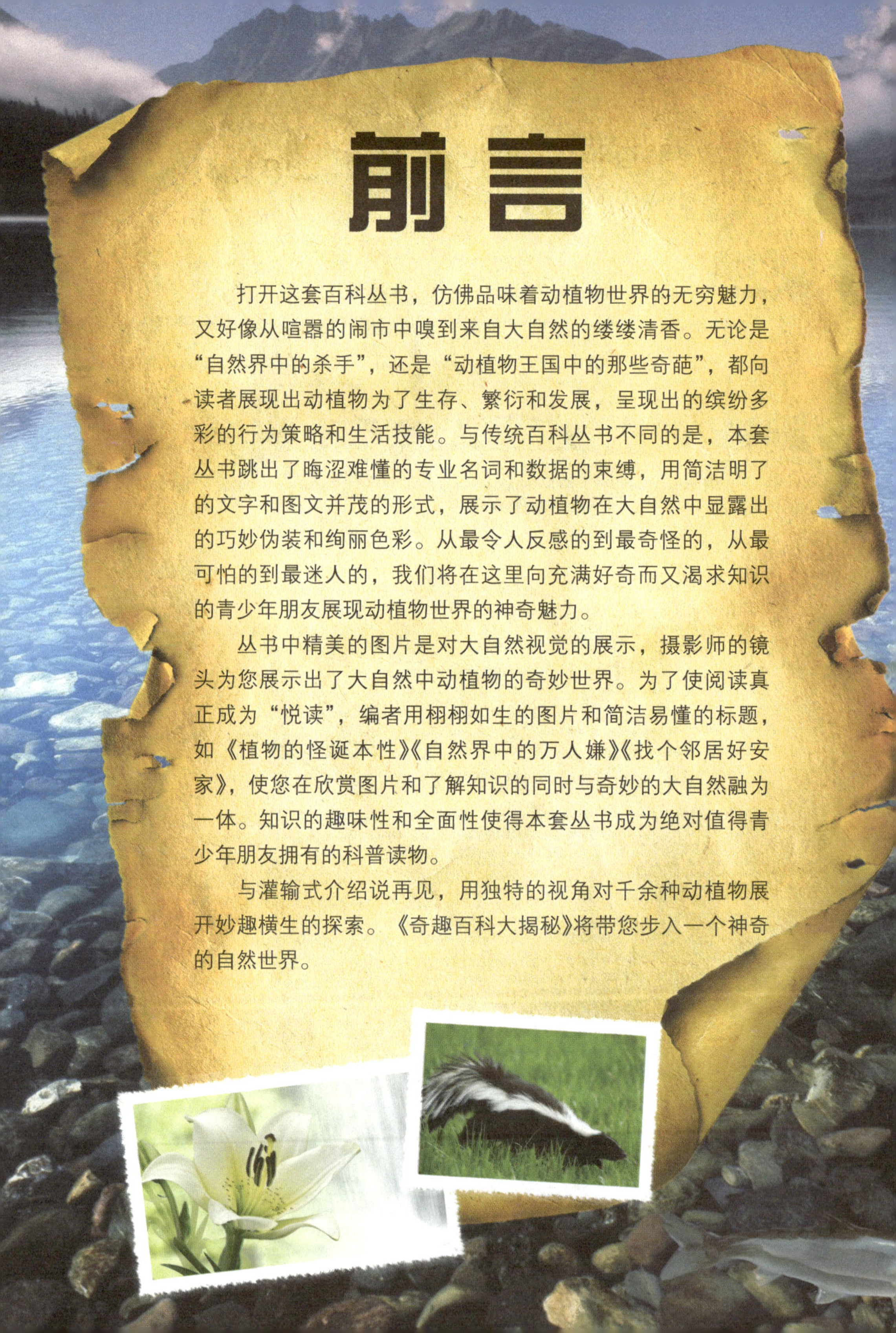

前言

打开这套百科丛书，仿佛品味着动植物世界的无穷魅力，又好像从喧嚣的闹市中嗅到来自大自然的缕缕清香。无论是“自然界中的杀手”，还是“动植物王国中的那些奇葩”，都向读者展现出动植物为了生存、繁衍和发展，呈现出的缤纷多彩的行为策略和生活技能。与传统百科丛书不同的是，本套丛书跳出了晦涩难懂的专业名词和数据的束缚，用简洁明了的文字和图文并茂的形式，展示了动植物在大自然中显露出的巧妙伪装和绚丽色彩。从最令人反感的到最奇怪的，从最可怕的到最迷人的，我们将在这里向充满好奇而又渴求知识的青少年朋友展现动植物世界的神奇魅力。

丛书中精美的图片是对大自然视觉的展示，摄影师的镜头为您展示出了大自然中动植物的奇妙世界。为了使阅读真正成为“悦读”，编者用栩栩如生的图片和简洁易懂的标题，如《植物的怪诞本性》《自然界中的万人嫌》《找个邻居好安家》，使您在欣赏图片和了解知识的同时与奇妙的大自然融为一体。知识的趣味性和全面性使得本套丛书成为绝对值得青少年朋友拥有的科普读物。

与灌输式介绍说再见，用独特的视角对千余种动植物展开妙趣横生的探索。《奇趣百科大揭秘》将带您步入一个神奇的自然世界。

奇趣百科大揭秘

QIQU BAIKE DAJIEMI

第一章

奇怪的动物

墨水制造者——乌贼

乌贼又叫墨鱼，是软体动物大家族中的一员。乌贼生活在海洋中的温暖区域，游泳速度很快，最高时速可达150千米。它行动迅速，当遇到敌人侵害时能很快地逃走。乌贼还有一种特殊的避敌本领，能通过调整体内色素囊的大小来改变自身的颜色，以适应环境、逃避敌害。它的体内有一个墨囊，里面有浓黑的墨汁，在遇到敌害时乌贼能迅速喷出墨汁，将周围的海水染黑，以掩护自己逃生。不仅如此，它的墨汁是含有毒素的，会令敌人失去知觉。然而，储存这一腔墨汁是需要很长时间的，所以，除非是情况紧急，否则，乌贼是不会随意释放墨汁的。

奇怪的身体构造

乌贼的身体可分为头、足和躯干三个部分，躯干相当于内脏团，外被肌肉性套膜，具石灰质内壳。乌贼的腹面两侧各有一个椭圆形的软骨凹陷，被称为闭锁槽,与外套膜腹侧左右的闭锁突相吻合，可控制外套膜孔的开闭。当闭锁器开启，肌肉性套膜扩张，海水自套膜孔流入外套腔；闭锁器扣紧，关闭套膜孔，套膜收缩，迫使水自漏斗状的水管喷出。这便形成了乌贼运动的动力。

自然档案馆

纲：头足纲

总目：十腕总目

目：乌贼目

乌贼皮下具有色素细胞，能够改变皮肤颜色。

乌贼的头部位于身体的前端，球形的顶端有口，口的外围有5 对腕。

乌贼头的两侧有一对发达的眼睛，眼部构造和脊椎动物的眼部构造十分相似。

横行者——螃蟹

螃蟹的头部和胸部在外表上是无法区分的，因此，被称为头胸部。螃蟹一共有10只脚，却都长在身体的两侧，最上面的一对叫作螯足，已经进化为类似钳状的螯，成为螃蟹进食和御敌的工具。螃蟹其余的8只脚叫做步足，既可用于陆地行走，也可用于水中游泳。由于这8只脚只能左右弯曲，所以螃蟹行动起来时是左右移动的。

螃蟹壳可以保护螃蟹免受天敌的危害。因为蟹壳不随螃蟹身体的生长而扩大，所以每隔一段时间，螃蟹都要蜕去旧壳。

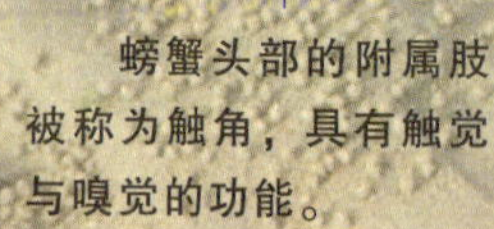

螃蟹头部的附属肢被称为触角，具有触觉与嗅觉的功能。

螃蟹的大钳子具有保护自己安全的功能。

自然档案馆

纲：甲壳纲

目：十足目

亚目：腹胚亚日

螃蟹的繁殖

螃蟹的繁殖是靠母蟹来完成的，每次母蟹都会产很多的卵，数量可达数百万粒以上。卵经过几次蜕壳后，长成大眼幼虫，大眼幼虫再经过几次蜕壳长成幼蟹，幼蟹外形几乎与成蟹相同，再经过几次蜕壳后就变为了成蟹。大部分的海水蟹类都是卵成熟后，不经过孵化直接被排放于海洋中，任其独立成长。

螃蟹的食物

螃蟹不挑食，所有螯足能够碰触到的食物它都吃，就连海藻和其他动物的尸体也是它的美餐。

螃蟹的生活习性

大多数螃蟹生活在海里或者靠近海洋的区域，也有一些螃蟹栖于淡水中或住在陆地上。螃蟹是依靠地磁场来判断方向的。

拟态高手——食蚜蝇

食蚜蝇是一种飞翔能力很强的昆虫，它常常在空中自在地飞翔。食蚜蝇还会在空中表演“飞行特技”：它们时而在空中振动翅膀，像直升机一样停在空中不动，时而倒着飞行或者突然做直线高速飞行。食蚜蝇的成虫腹部多有黄、黑斑纹，不少种类有明显的拟态现象，往往被误认为是蜜蜂。由于蜜蜂的尾部有刺，食蚜蝇凭借自己和蜜蜂相像的外表，令许多敌人不战自退。但仔细观察，并不难区分食蚜蝇和蜜蜂。食蚜蝇属于双翅目，即体上有一对翅膀，而蜜蜂属于膜翅目，体上有两对翅膀；食蚜蝇的触角短，而蜜蜂的触角较长；食蚜蝇的后足纤细，而蜜蜂的后足比较宽阔。

食蚜蝇的翅上有与第4 纵脉平行的一条假脉。

自然档案馆

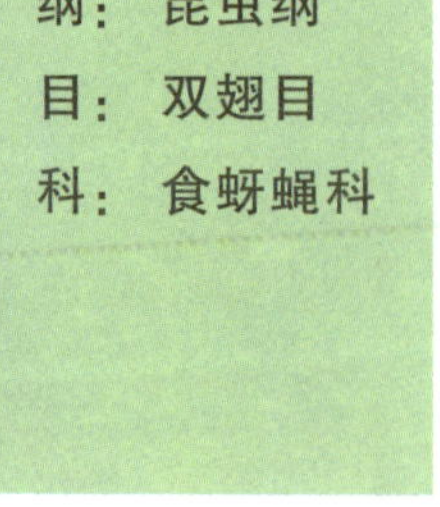

纲：昆虫纲

目：双翅目

科：食蚜蝇科

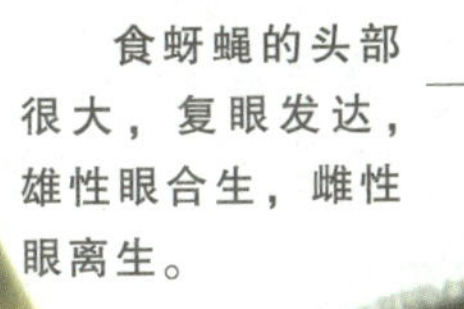

食蚜蝇的头部很大，复眼发达，雄性眼合生，雌性眼离生。

天敌昆虫

食蚜蝇是常见的天敌昆虫，以幼虫捕食蚜虫而著称。但实际上，还有不少食蚜蝇种类，它们的幼虫并不捕食蚜虫，而是植食性的，这些植食性食蚜蝇的幼虫在植物体内取食植物的组织。还有一些腐食性的食蚜蝇，它们的幼虫以腐败的有机物或禽畜粪便为食。

食蚜蝇的生活习性

食蚜蝇成虫于早春出现，春夏季盛发，性喜阳光，常飞舞于花间草丛中或芳香植物上，取食花粉、花蜜，并传播花粉，间或吸取树汁。

植物克星——蝗虫

蝗虫头部的触角、触须，腹部的尾须以及腿上的感受器都具有触觉功能。它们的味觉器在口器内，触角上有嗅觉器官。蝗虫的雄虫以左右翅相摩擦或后足腿节的音锉摩擦前翅的隆起脉而发音，有的种类的蝗虫飞行时也能发音。

蝗虫的活动范围很大，它们经常成群结队地从一个地方飞到另一个很远的地方。但是，如果是很大一群蝗虫迁徙的话，它们所经之

蝗虫身体的颜色比较复杂，多为绿色、灰色、褐色或黑褐色的混合色。

蝗虫的头很小，复眼发达，主管视觉，单眼主管感光。头部下方有一个口器，是蝗虫的取食器官。上颚为咀嚼式口器，很坚硬，适于咀嚼。

蝗虫的前胸背板坚硬，呈马鞍形。

处的农作物就会受到严重的破坏，甚至绝产，所以它们是农作物的“大灾星”。蝗灾往往和旱灾相伴而生。造成这一现象的主要原因是，蝗虫是一种喜欢温暖干燥气候的昆虫，干旱的环境对它们繁殖、生长发育和存活有许多益处，所以每当干旱年份，蝗虫的繁殖力都较高。此时，农作物就面临着旱灾和蝗灾的双重打击。

自然档案馆

纲：昆虫纲

亚纲：有翅亚纲

目：直翅目

蝗虫的后腿肌肉强劲有力，外骨骼坚硬，适于跳跃。

蝗虫的生活习性

蝗虫的生命力顽强，能栖息在各种场所。山区、森林、低洼地区、半干旱区、草原等地方分布最多，属植食性昆虫，大多数是农作物的重要害虫。

能用鳔呼吸的鱼——肺鱼

肺鱼是一种古老的淡水鱼。这种鱼的鳔兼具肺功能，在泥塘沼泽干涸时，它们可以改用鳔直接呼吸，能继续生活在缺氧的环境中。肺鱼的鳔的构造很像肺，可以进行气体交换，所以有人将肺鱼的鳔称为“原始肺”。对于绝大多数鱼类而言，鳔的作用主要在于帮助鱼上浮或下沉，增强其平衡性，呼吸则通过鳃来完成。而肺鱼的特别之处就在于，它不仅能通过鳃来呼吸，还能通过鳔来呼吸，这使得肺鱼在没有水的环境下，也能存活很长一段时间。肺鱼在古代时就曾在地球上大量繁殖，现在仍有少数肺鱼保存着其种族特征遗留了下来，可以说是一种“活化石”。

肺鱼的繁殖

一般鱼类都是在水中产卵，而肺鱼却把卵产在泥巢中，肺鱼的巢实际上就是从泥里掘出的长约一米的小隧道。雌肺鱼把卵排出后，雄肺鱼负责看护。为了使后代有良好的生存环境，雄肺鱼的腹鳍一到繁殖期，就会长出许多富有微血管的细长的丝状突起，血液中的氧气通过这些丝状突起释放到水中，以利于卵子的正常发育。

自然档案馆

纲：硬骨鱼纲
目：角齿鱼目
科：角齿鱼科

肺鱼的外形

肺鱼的体长可达 1~2 米，脑的颅骨化程度颇低，脊椎为软骨，鳞退化为骨质圆鳞。肺鱼的软组织构造、发育、生理和行为方面有许多性状与两栖类接近，不同于其他现存鱼类。

肺鱼的口腔和鼻腔相通，这也是肺鱼跟其他鱼类不同的地方。肺鱼的鳔和食道相通，像一个囊，里面有许多分支繁多的血管，能够像肺那样鼓动，并且在鼓动的过程中吸进氧气并排出二氧化碳。

海洋飞行家——飞鱼

人们都知道，鱼儿的生存是离不开水的，但是有一种鱼却例外，那就是飞鱼。飞鱼主要生活在热带和温带海域，这些外形奇特的鱼能够展开如翅膀一般的鳍，时而冲出海面，时而潜入海中，其美丽的流线型身体在阳光的照耀下呈现出蓝色的光泽。飞鱼又叫作“燕儿鱼”，因其在展开胸鳍飞翔时如燕子一般而得名。飞鱼的长相奇特，外形又细又长且呈扁状，长长的胸鳍一直延伸到尾部，整个身体如织布的“长梭”，在海面跃起时，展现出一种轻盈的姿态。飞鱼的体态优美，在海中可以高速运动，速度可达10米/秒。其背部呈蓝色，与海水颜色相近，当它在海水表面活动时，颇似一架掠浪而过的“小飞机”。

飞鱼岛国

位于加勒比海东端的珊瑚岛国巴巴多斯盛产飞鱼，被称为“飞鱼岛国”，游客们在此能观赏到“飞鱼击浪”的奇观。站在海滩上放眼眺望，会看到一条条梭子形的飞鱼破浪而出，在海面上穿梭交织，迎着雪白的浪花腾空飞翔的奇景。

自然档案馆

纲：硬骨鱼纲
目：颌针鱼目
科：飞鱼科

飞翔的秘密

飞鱼能够练就神奇的飞翔本领是有原因的。有人说，飞鱼的视力很差，在大海中觅食艰难，为求得生存，于是练就了飞翔的本领，因为它只能飞起来以水面的昆虫为食。

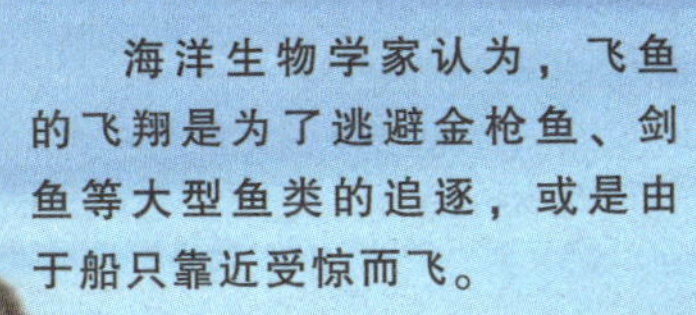

海洋生物学家认为，飞鱼的飞翔是为了逃避金枪鱼、剑鱼等大型鱼类的追逐，或是由于船只靠近受惊而飞。

飞鱼的尾鳍呈深叉形，下叶长于上叶。

飞鱼的产卵

每年的四五月份，飞鱼从赤道附近到我国的内海产“仔”，繁殖后代。它的卵又轻又小，卵表面的膜有丝状突起，非常适合挂在海藻上。

冰水皇后——南极鳕鱼

鳕鱼有非常强的抗寒本领，它可以生活在2℃的冷水环境中。在这样的冷水环境中，如果是温带鱼就会被冻成冰块，而鳕鱼却能自由自在地游来游去。在-2℃时，鳕鱼的代谢也能顺利进行，相当于热带鱼在10℃~20℃时的代谢程度。当温度为6℃时，鳕鱼根本无法适应这种温度，它会因受“热”而死。经科学家研究发现，鳕鱼的血液中含有一种叫肝糖蛋白质的物质。这种肝糖蛋白质是一种生物大分子，由两个半乳糖和三个氨基酸构成一个单

元，许多单元又通过化学键连成一

根长长的链条，在血液中盘绕蜷曲成松散的线圈，这种松散的线圈被称为无规线圈。由于表面张力的缘故，想要使这种无规线圈的表面结冰，需要极低的温度。但是当它结冰后，其表面的不规则性又会增大。这样反复几次，冰点就会大大降低，鳕鱼便因此具有了极强的抗冻能力。

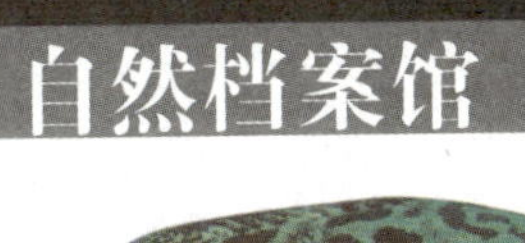

自然档案馆

纲：硬骨鱼纲

目：鳕形目

科：鳕科

南极鳕鱼头大、嘴圆、唇厚。

医学价值

鳕鱼的这种抗冻本领，给了科学家极大的启发，人类可不可以运用冰冻技术来保存人的生命呢？这样，重要的器官如大脑、心脏的移植等医学问题不就可以很好地解决了吗？目前医学上疫苗、血液、精液等的低温保存，以及利用局部冰冻损伤的方法来治疗癌症和溃疡，都是对抗冻技术的初步应用。生物抗冻素和低温酶等活性物质的发现对基因工程的研究起到了极大的促进作用。

大魔鱼——尖牙鱼

尖牙鱼得名于其又大又尖的牙齿，属于金眼鲷目。从外表看，它深具威胁性，可怕的外表让它得到“食人魔鱼”这样恐怖的名字。虽然外表极其凶猛，但事实上它们对人类的危害几乎为零。它们的身体能长到15厘米左右，和其他鱼的大小差不多，但相对自身身体来说，它们有超大的牙齿，它脑袋上左右两颗超大的牙齿简直是太大了，以至于造物主不得不在其微型的脑子左右两侧各留出一个“插槽”，以便其大嘴能够顺利地合上。相对于其体形来说，它的牙齿可能是海洋鱼类中最大的，因此，有些体形比它们庞大的鱼类也成了它的盘中美餐。

尖牙鱼的成鱼与幼鱼

尖牙鱼的成鱼和幼鱼看起来差别很大，幼鱼的头骨长，而且是浅灰色的；成年鱼是大头大嘴，颜色从深棕到黑色。幼鱼长到8 厘米时才开始具有成年鱼的样子。幼鱼以甲壳动物为食，而成年鱼吃鱼。

自然档案馆

纲：硬骨鱼纲

亚纲：辐鳍鱼亚纲

目：金眼鲷目

尖牙鱼的食物

深海海底食物匮乏，所以这些鱼见到什么就吃什么，它们多数的食物可能是从海洋上面几层落下来的。尽管这种鱼并不怕冷，但是它们却生活在热带和温带海洋的深处，因为那里才有更多的食物从上面落下。

智多星训练营

尖牙鱼栖息在大洋中特别深的地方，是一种长着骇人脸庞的深海暗杀者，是海底最深处的居民之一，科学家们曾在海底5 千米以下的黑暗环境里发现过它们。

招财蛙——角蛙

角蛙整天只是吃，一张大嘴几乎占了身体的一半，这种构造可以说就是为了大量进食而演化的。相当贪吃的角蛙总是把自己埋于土中，看见身形较小的动物经过，它几乎就会将其一口吞下，甚至连同类也不放过，许多性情较温和的蛙都成为了它们的口中之餐。但令人奇怪的是，如此贪吃的它竟然对不会动的食物毫无兴趣，好像看不见似的。角蛙身形矮胖，形状极像一只粽子。由于外形十分有趣，因此常被人们作为宠物饲养。

角蛙全身的皮肤布满细小凸出的疣粒，上面则散布有不规则的黑褐色、啡红色、淡棕色的斑纹。

角蛙最显著的特征就是在头部两侧眼睛上方具有柔软肉质状的角状突起，这样做主要是为了让自己在充满落叶的环境中，能够模拟成落叶的形状而逐步进化的结果。

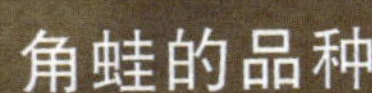

角蛙的品种

角蛙的亚种有六种之多，其中最常见的就是钟角蛙，其次是南美角蛙。而最昂贵的要属亚马孙角蛙，它又被称为霸王角蛙，身价高达数千人民币。世界上还有绿角蛙、哥伦比亚角蛙、秘鲁角蛙、草原角蛙、厄瓜多角蛙等多个品种。角蛙各亚种的原生栖地各自分离，几乎完全不相重叠，所以也就能够保持各自较独立的体色。

自然档案馆

纲：两栖纲

目：无尾目

科：细趾蟾科

角蛙的生活习性

角蛙原栖息于南美温暖而干燥的大草原地带，对环境的湿度要求很高，它们多利用雨量较为集中的夏季来繁殖。

眼睛会喷血——角蜥

角蜥原产于北美洲西部，它有三件非常奇特的法宝：第一件法宝是它的“拟态”本领，它的体色就是很好的保护色；第二件法宝是它全身长满的又尖又硬的鳞片，它的每个鳞片都像一把锋利的匕首，是角蜥的重要防御武器；第三件法宝只有当角蜥遇到十分危急的状况或到生死存亡的时候它才会施展。因为一些敌人似乎了解到了角蜥第二件法宝的厉害，所以它们常常不用嘴巴咬角蜥，而是企图用脚爪撕踏，弄死角蜥后再吃。这时，角蜥会大量吸气，使自己的身躯迅速膨大，然后从眼睛里喷出一股殷红的鲜血来，射程为1~2米，敌害则肯定会被这迎面喷来的鲜血吓得惊慌失措，角蜥就可以趁机逃之夭夭了。

自然档案馆

纲：爬行纲

目：有鳞目

科：角蜥科

变温动物

角蜥是一种变温动物。白天阳光灼热的时候，它需要躲在沙土下以防曝晒；夜间天气较凉，它也要藏身于沙地中保持体温。只有在温度适宜的时候它才出来活动、觅食。

喷血原理

经过生理学家们一番认真细致的研究，他们发现：角蜥喷出的红色液体确实是鲜血。它在喷血之前，有一束闭孔肌会压迫主血管，使脑血管的血压升高。对于那些眼睛瞬膜里的娇嫩血管来说，这个压力是极其高的，足以导致这些血管破裂，令鲜血喷出。

角蜥的生活习性

角蜥主要栖息在平原和干燥的沙漠地区。它的身体可以向前爬行，同时，它的体棘能够如同锄头一样挖掘沙土，并将挖掘出的沙土堆垒在自己的背部，然后潜入沙中，仅露出头部休息，并伺机捕食昆虫。

“鸠占鹊巢”者——杜鹃

所有的鸟都会有安全而又温馨的“家”，那就是它们的窝。它们的窝形形色色：有的鸟用枯木枝、干草等做原料，把窝建在高高的大树上；有的鸟用自己的唾液混合一些柔软的物质作为原料，把窝建在悬崖峭壁上；还有些鸟干脆在人们的房檐下垒窝，或者直接钻进房脊的空隙中，随遇而安……然而有一种鸟却从来不自己做窝，这种鸟就是杜鹃。杜鹃在产卵的时候，会寻找那些和它们的卵相似的鸟，然后把自己的卵产在那些鸟的窝中，来个“浑水摸鱼”。最后，杜鹃鸟头也不回地就飞走了，那些“鸟妈妈”就将杜鹃鸟的卵孵化出来，然后抚养长大。杜鹃鸟的这种习性是在千百年的自然进化中形成的。

自然档案馆

纲：鸟纲

目：鹃形目

科：杜鹃科

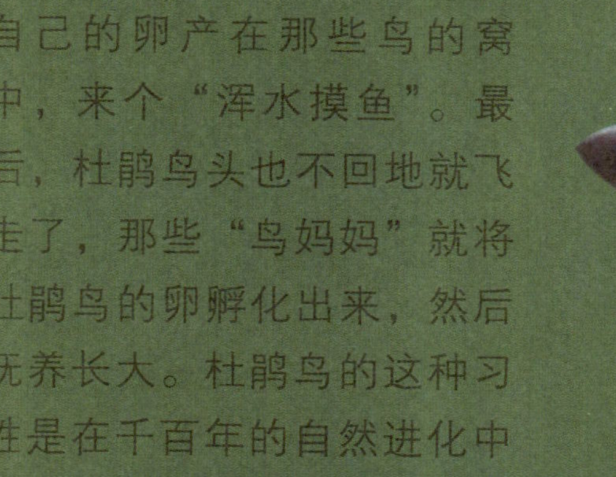

布谷鸟的传说

杜鹃就是人们常说的催春鸟，吉祥鸟，也有人叫它“布谷鸟”与“子规鸟”。相传它是望帝杜宇死后的化身，而杜宇又是历史上的开明皇帝，当他看到鳖相治水有功，百姓安居乐业，便主动让王位给他，不久就去世了。人们传说，他死后便化作杜鹃鸟，日夜啼叫，催春降福。春末夏初时，我们就常常会听到“布谷！布谷！”的叫声，或者“早种包谷！早种包谷！”或者“不如归去！不如归去！”等优美的声音响彻山谷。

杜鹃的尾巴较长，有的特别长，尾巴羽毛的尖端还点缀着白色。

杜鹃的分布

杜鹃科分布于全球的温带和热带地区，在东半球热带尤为广泛。杜鹃栖息于植被稠密的地方，性情胆怯，人们常闻其声而不见其形。

为爱而战——象龟

象龟的背甲中央高隆，有5片椎盾，每侧4片肋盾、9片缘盾，前后缘略呈锯齿状，微向上翘起，背甲为青黑色。

濒临灭绝

17世纪时，一些冒险家就开始不断地捕杀象龟，将它们的肉做成鲜嫩的美味，这种毁灭性的捕杀一直持续到20世纪。直到人们意识到象龟快要绝迹的时候，才停止捕杀，并开始用尽一切方法保护象龟。

象龟的生活习性

象龟多栖息于山地、泥沼、草地等植被较好的地方，干旱季节多栖于多雾的山顶。它们以青草、野果和仙人掌等为食，最喜欢吃多汁的绿色仙人掌。

自然档案馆

纲：爬虫纲

目：龟鳖目

科：陆龟科

象龟是一种体形庞大的动物，但它们并不以此欺凌弱小，甘心做性情温顺的“和平使者”，只有当它们争取自己的“爱情”时才表现出凶猛执著的一面。每到繁殖的季节，雄龟就开始在群岛上凭借灵敏的嗅觉寻觅配偶。一旦发现中意的雌龟，它就会毫不犹豫地向“意中人”爬过去。如果这时有另一只雄龟也中意那一只雌龟，先前那只雄龟便会马上截住另一只雄龟，并与对方进行决斗。

象龟的头大、颈长，眼睛和鼻孔都很小。

红面鸭——疣鼻栖鸭

疣鼻栖鸭的眼睛周围和鼻部长有独特的红色或深红色的肉瘤，成年雄鸭尤其明显。疣鼻栖鸭外形更是奇特：身长66~ 84 厘米，翼展120 厘米，雌鸭体重约1 250 克，雄鸭体重约3 000克。体态健壮肥大，体躯略扁，前尖后窄，呈椭圆形。疣鼻栖鸭头大而粗短，喙较短而窄，呈鲜红或暗红色；自眼至喙的周围无羽毛，呈鲜红色。它胸部宽而平，翅膀大而长、强壮有力，腿短、粗、壮，为红色、橘红色或黑色，趾爪硬而尖锐，蹼大而肥厚。疣鼻栖鸭体羽有纯黑、纯白、黑白色或白色杂有蓝青色等多种，虽已被人工驯化，但由于被驯化的历史较短，它的双翼仍然很强健，仍旧可以短距离飞行。在鸭子界，疣鼻栖鸭恐怕是相貌最不漂亮的一种了。

自然档案馆

纲：鸟纲

目：雁形目

科：鸭科

智多星训练营

疣鼻栖鸭喜欢生活在温暖的水域，它们经常在水中扑翅浮游戏水，但不善于在水中长时间地游泳。它们喜欢集群生活，性情温顺，行动笨拙，步态平稳。休息时它们常把头伸到翼下，呈“金鸡独立”状。雄鸭常发出“哩哩”的低哑叫声，雌鸭则发出“哪哪”的轻叫声。

鸟类滑翔机——信天翁

漂泊信天翁是信天翁家族中的一员，其翼展长度可达3.5米，它们主要栖息在太平洋海域，平均寿命可达22.8年。漂泊信天翁一生中的绝大部分时间都飞翔在海面上。在南纬40°的海域，每个月中大约有27天会刮起猛烈的西风，然而这里却是漂泊信天翁的天堂。它们常利用猛烈的西风向东进行长距离飞行，飞行时间长达10个月，飞行距离达1.5万千米。在没有风的时候，漂泊信天翁便在海面休息。漂泊信天翁4岁以后便能准确地飞向自己的出生地，并且开始寻找配偶，一般情况下，它们会先“考察”一两年，然后才能认定这门“婚事”。它们六七岁时便是成年的漂泊信天翁了，这时，成年的雌性漂泊信天翁开始产卵，而幼鸟则会在羽翼丰满后独立，开始终其一生的海上漂泊生活。

信天翁的饮食

信天翁是食腐动物，喜欢吃从船上扔下的废弃物。它们的饮食范围很广，但主要以鱼、乌贼、甲壳类动物为主。

自然档案馆

纲：鸟纲

目：鹱形目

科：信天翁科

滑翔专家

一直以来，信天翁就以高超的滑翔技能闻名于世，它们能够在天空中滑翔数小时而不拍一下翅膀。原来，信天翁经过长期的自然选择进化出一片特殊的肌腱，用来固定伸展的翅膀。长度超出一般鸟类的翅膀，使其能够在天空中自由地翱翔。

鸟类魔术师——雷鸟

雷鸟四季换羽。雄鸟在繁殖季节后和冬季之前会将夏羽和冬羽完全更换，而春羽和秋羽只是局部替换；雌鸟每年换羽三次，繁殖季节前不换羽。冬季时，雷鸟的冬羽与皑皑白雪完美地融合在一起，使其不易被天敌发现；春季时，雄鸟的头、颈和胸部会换成带有栗棕色横斑的春羽；雄鸟繁殖季节前还会换“婚羽”，它们用这种华丽的羽毛来博得雌鸟的青睐；夏季时，雷鸟又换上黑褐色带有棕黄色斑纹的“外衣”；秋季植被枯黄时，雷鸟的羽毛又换成黄栗色。雷鸟在冬季时主要以灌丛枝、地衣和干叶为食，并在雪堆里睡觉。等到早春时节，成群的雄性雷鸟便会进行求偶表演，发出刺耳的咯咯声，然后雄鸟们又会分开，各自在相邻的巢区里进行单独求偶表演。

自然档案馆

纲：鸟纲

目：鸡形目

科：松鸡科

雷鸟的繁殖

雷鸟在中国的繁殖期为4~5月，雌雄两性共同筑巢。巢置于地面草丛中或灌木下，为椭圆形小坑，内铺少量枯枝、草叶和残羽。每窝产卵8~12枚，卵淡黄色，满布褐色斑点。

智多星训练营

雷鸟源于北美大陆，外形与鹫相似。看到“雷鸟”两字，就会很自然地联想它是一种具有呼唤雷电能力的巨鸟。在北美印第安神话中，雷鸟是全能神灵的化身，在空中具有搅动雷电之威力。据说，古代印第安人以代表本民族的红白蓝三色描绘出“雷鸟”的形象。在欧美的很多魔幻类游戏中，雷鸟也常常出现，是一种会以闪电打击敌人的强大的怪物。

它们的鼻孔外也被有羽毛，这样可抵挡猛烈的风暴，更有利于它们在向雪下啄取食物时保护自己。

雷鸟腿上的毛厚而长，一直覆盖到脚趾部分；脚趾周围也有很多长毛。这样的结构使得它们既能保持体温，又不至于在积雪上行走时陷在厚厚的雪中。

独行客——犀鸟

你知道犀鸟名字的由来吗？犀鸟是一种珍贵而奇特的鸟，它的头非常古怪，上面长有一个头盔状的叫做盔突的突起，看起来好像是犀牛的角，因此人们将其称为犀鸟。犀鸟非常珍贵而且非常漂亮，它们的寿命通常在30~40年左右，时间最长的可达50年。每年春季之后，成对的犀鸟便会选择一个非常高大的树干上的洞穴作为巢穴，通常它们都是利用白蚁蛀蚀或树木朽蚀后形成的大洞作窝。它们在洞底铺上腐朽的木质，在木质的上面垫些柔软的羽毛，这就是犀鸟的“产房”，“产房”修整完以后，雌鸟就准备产卵。通常每只犀鸟每次产卵1～4枚，卵呈纯白色。产卵之后的雌鸟就开始和“产房”外的雄鸟进行合作，一起将“产房”的门堵上。

智多星训练营

温柔体贴的雄犀鸟

在产卵期间，雌犀鸟的饮食全部由雄犀鸟细心提供，此时的雄鸟会忙着四处寻找食物，为雌鸟提供食物。每当雌犀鸟将嘴伸到洞口时，雄犀鸟就会将自己口中的食物送到雌犀鸟口中。28~40天之后，小犀鸟便破壳而出了。雌犀鸟接着用嘴将洞口打开，和雄犀鸟一同哺育、照顾雏鸟。

犀鸟的习性

犀鸟喜欢栖息在密林深处的大树上，啄食树上的果实，有时也捕食昆虫，但是爬行类、两栖类等小型动物却是它的主要食物。

自然档案馆

纲：鸟纲

目：佛法僧目

科：犀鸟科

犀鸟的分布

犀鸟是典型的热带森林鸟类，共有45种犀鸟存活于世，主要分布在非洲及亚洲南部。我国的犀鸟大多生活在云南西部和南部以及广西南部的广大森林之中。

花的"媒人"——吸蜜鸟

吸蜜鸟身体长约为10～35厘米，通体呈黄褐色，头部的斑纹比较精细，给人一种与众不同的视觉感。吸蜜鸟的嘴细而长，略向下弯曲，呈舌管状，末端呈刷状。吸蜜鸟通常成对或者成小群活动，以花蜜、昆虫以及果类等为食。吸蜜鸟属大约有170种，多数种类都有耳羽簇，澳大利亚南部的白耳吸蜜鸟就是典型代表，其身长约18厘米。吸蜜鸟属中有25种体色艳丽的鸟，主要见于大洋洲的岛屿，典型的体色为雄鸟呈现红色以及黑色。澳大利亚东部的绯红吸蜜鸟长约为11.5厘米，它们习惯在中午酷热时发出嘤嘤的鸣声。

自然档案馆

纲：鸟纲

目：雀形目

科：吸蜜鸟科

吸蜜鸟的分布

吸蜜鸟主要分布于澳大利亚及太平洋诸岛，在非洲南部另有两种吸蜜鸟，全世界的吸蜜鸟种类共有38属170种。吸蜜鸟是澳大利亚鸟类中种类最多、最常见的一类，有些种类如黑头矿鸟是澳大利亚东部大城市中常见的鸟。

吸蜜鸟科

吸蜜鸟科属于雀形目。吸蜜鸟嘴细长而弯曲，舌能伸缩，尖端呈刷毛状，用以吸取花蜜，羽毛多呈华丽色彩，尾形多样，有些种类有长的中央尾羽。

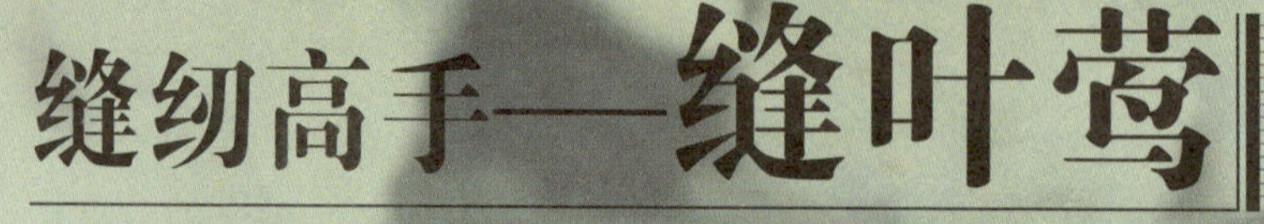

缝纫高手——缝叶莺

缝叶莺的喙细长而微微弯曲，非常适合“缝纫”。

缝叶莺作为鸟类中的“缝纫能手”，它缝纫筑巢的绝活令世人称奇。缝叶莺于每年4~8月开始交配，这时莺妈妈便开始了繁忙的工作，它们缝叶筑巢，为自己的孩子建造一个温馨舒适的家园。缝叶莺把巢筑于芭蕉等大型叶片上，多为安全隐蔽之处，并用垂下的树叶作为基本材料。它们先用嘴叼住树叶的一端，同时配合脚用力拨树叶，使之变成长长的像袋子一样的形状。然后便开始“缝纫”工作：它用又长又尖的嘴做针，在叶子边上穿出一个小孔；用找好的蚕丝、植物纤维等做线，在双脚的配合下穿针引线，树叶就这样被巧妙地缝合起来了。

令人惊叹的是，缝叶莺还会像人类一样一边缝一边打结，以防脱线。

自然档案馆

纲：鸟纲

目：雀形目

科：鹟科

缝叶莺的头顶呈红褐色，眼周和眉纹为淡黄色，头部为白色。

缝叶莺的体态和羽色跟莺很相似。体长约11厘米，比麻雀稍小，而尾巴则有5～6厘米长。上体的羽毛是橄榄绿色，其他的羽毛则为暗褐而稍带黄色。

后期的“缝纫”

缝叶莺筑巢后依然会继续工作。为了防止巢的根基脱落，它们还会用草茎等物品将巢穴根部加固，可谓是做得天衣无缝。缝叶莺的巢被建造得具有一定的倾斜度，这样能够很好地避免雨水淋湿干燥的巢窝。最后，缝叶莺还会在自己的窝里铺一些柔软的东西作为舒适的“睡床”。缝叶莺就是在这样一个安全、温暖、舒适的环境中养育自己的儿女的。

缝叶莺的分布

缝叶莺主要生活在亚洲的南部和东南部。在中国南部、印度的热带、亚热带森林的芒果树和石榴树上较为常见。

天生一对歪喙——交嘴雀

交嘴雀分为红交嘴雀、白翅交嘴雀两种，主要生活在松林地带。在中国见于东北南部、长江下游及西南、西北部以至新疆等地。交嘴雀是由它那别致的喙而得名的。交嘴雀的喙上下交叉、尖端弯曲，上下两片交叉成“钳子”状。这种精妙的嘴形，使它们可以得心应手地将种子从球果中剜出来。交嘴雀是树栖性鸟，喜欢在树冠上空活动，经常结群游荡。交嘴雀成鸟羽毛漂亮、姿态优美，是人们十分喜爱的鸟类。

交嘴雀身被厚羽，多呈棕褐色。

红交嘴雀

红交嘴雀的红色一般多夹杂斑点，嘴较松雀的钩嘴更弯曲。红交嘴雀雌鸟外形似雄鸟，但颜色为暗橄榄绿色而非红色。它的幼鸟似雌鸟而有纵纹。雄雌两性的红交嘴雀成鸟、幼鸟与白翅交嘴雀的区别在于：红交嘴雀无明显的白色翼斑，且三级飞羽无白色羽端。极个别红交嘴雀翼上略显白色翼斑，但绝不如白翅交嘴雀醒目而完整，头形也不如其拱出。

自然档案馆

纲：鸟纲

目：雀形目

科：金翅科

羽毛最多的鸟——大天鹅

世界上羽毛最多的鸟是什么呢？人们曾对多种鸟类进行了一次"数羽毛"试验，结果发现大天鹅身上的羽毛有25 216根，是羽毛最多的鸟类。大天鹅生有一身洁白的、浓密的羽毛，这些丰厚的羽毛可以有效地抵抗严寒的气候，使得天鹅在-36℃~-48℃的低温下露天过夜也能安然无恙。因此，大天鹅的分布区非常广阔，而且无论是繁殖期还是越冬期，活动范围都与当年的气候因素有着密切的关系。如果气候温和，它的繁殖区域可以向北方扩展，繁殖的时间也可以提前一些；而在气温较低的年份，天鹅在冬季分布于中国长江流域及附近湖泊，春季它们会迁经华北、新疆、内蒙古而到黑龙江、蒙古国及西伯利亚等地繁殖。

大天鹅的飞行高度较高，是世界上飞得最高的鸟类之一，它们甚至可以飞越珠穆朗玛峰。

自然档案馆

纲：鸟纲

目：雁形目

科：鸭科

终身伴侣制

大天鹅保持着一种稀有的“终身伴侣制”。在南方越冬时，不论是取食或休息，它们都成双成对。雌天鹅在产卵时，雄天鹅在旁边守卫着，遇到敌害时，雄天鹅会拍打翅膀上前迎敌，勇敢地与对方搏斗。它们不仅在繁殖期互相帮助，平时也是成双成对，一对伴侣中如果有一只死亡，另一只也确能为之“守节”，终生单独生活。

大天鹅的生活习性

大天鹅栖息于开阔的、水生植物繁茂的浅水水域，喜欢群栖在湖泊和沼泽地带，主要以水生植物为食。

大天鹅的腿部较短，脚上有黑色的蹼。游泳前进时，它的腿和脚会折叠在一起。

外形似鸭的鸟——䴙䴘

䴙䴘别名为水葫芦。它的外形和鸭很相似，不过嘴却是又直又尖的，䴙䴘的尾巴很短，脚的位置十分靠后，前面的脚趾间有一层皮膜形成的瓣蹼。䴙䴘生活在溪流、湖泊、江河水库等各种水域环境中，或栖息在芦苇或水草中，它们每年的5月开始繁殖。雄鸟和雌鸟从相识到交配的过程十分有趣，它们会跳非常有趣的求偶舞蹈来吸引对方。相遇在水面上的两只䴙䴘，起先会面对面低头展翅，随后抬头仰脖，拍动双翅，迅速向对方奔去，在快碰到对方时，又会骤然停下改为后退。如同在进行芭蕾舞表演一样。这样的舞蹈使雌雄䴙䴘相互了解，如果赢得了对方的芳心，它们就会共同开始建造自己的“家”了。

黑颈䴙䴘的头顶和颈上部为黑色，头、颈及背的上部均为黑色，耳区有一羽簇呈金橙黄色，非常夺目。

自然档案馆

纲：鸟纲

目：䴙䴘目

科：䴙䴘科

䴙䴘的生活习性

䴙䴘栖息于水草丛生的湖泊中。以小鱼、虾、昆虫等为主要食物。䴙䴘性怯懦，常匿居草丛间，或成群在水上游荡，在芦苇丛中垒巢。

䴙䴘的种类

䴙䴘有很多种。角䴙䴘的头顶两侧各有一簇耸立的羽毛，生活在北方温带的淡水区域，冬季分散在约北纬 30°以南，包括沿海水域，种群数量极其稀少；赤颈䴙䴘的颈前和胸部为红色，它的特点是个体较大，嘴短而粗。

䴙䴘背被厚羽，多为黑棕色，有波浪状的纹理。

鹤立鸡群的鸟——褐马鸡

褐马鸡身高约为60厘米，身长约有1～1.2米，体重大约为5千克，身体呈浓褐色，头和颈呈灰黑色，头顶有类似冠状的绒黑短羽，脸和两颊部位无羽，为艳红色，头部侧面和眼睛相连的部位有一对白色的角状羽簇伸出头后，好像一块洁白的小围嘴。褐马鸡的翅膀较短，不善于飞行，它们只能从山上向下进行滑翔。但是褐马鸡的两腿非常粗壮，适宜奔跑。

褐马鸡全身的羽毛呈深褐色，头顶部位长着黑色的绒毛，嘴巴呈粉红色，脸部呈鲜红色，尾巴蓬松而向上翘，酷似马尾，散发着紫蓝色的光线，它的喙很短，尖眼睛后面有一个白色颈圈，两簇雪白的绒毛突现于脑后，因此，它又得名“角鸡”。

褐马线

褐马鸡最爱炫耀的是它那非常引人注目的尾羽。它的尾羽共有11对，长羽呈对排列。中央两对非常长而且非常大，人们称其为“马鸡翎”，它们尾羽上外侧的羽毛像头发一样披散着向下垂。平时，它往往高翘在其他尾羽上方，披散的时候看起来仿似马尾，因此人们称其为“褐马线”。褐马鸡的整个尾羽向后翘起时，形状非常像是一把竖琴，看起来非常美观。

褐马鸡的食性

褐马鸡为杂食性鸟类，山尖子、松子、刺梨以及沙棘果等四五十种植物和蝇类、蚊类、蛇类以及蝗虫类等动物都是它们的食物。

褐马鸡的生活环境

褐马鸡是山区森林地带的栖息性鸟类。它主要栖息在以华北落叶松、云杉次生林为主的林区和华北落叶松、云杉、杨树、桦树次生针阔混交森林中。

自然档案馆

纲：鸟纲

目：鸡形日

科：雉科

美人鱼——海牛

海牛，其外形呈纺锤形，体长为2.5～4.0米，头很小而头骨很厚。海牛体重为360千克左右；海牛皮下储存着大量脂肪，这些脂肪使得海牛能在海水中保持体温；它们前肢退化呈桨状鳍肢，没有后肢，但仍保留着一个退化的骨盆；海牛眼睛很小，视力不佳，但是听力良好。海牛与陆生牛类一样都是哺乳动物，据考证，海牛原来是生活在陆地上的，不过并不和陆生牛类同宗，它们是大象的远亲。近亿年前，海牛因自然的变迁或缺乏御敌能力而被迫下海谋生。由于长期适应水中环境，其相貌与体形和大象已经没有相同之处了，不过在某些方面仍有共同点，比如它们都身躯庞大，海牛的肤色、皮厚也和大象相似，此外，海牛和大象均为草食动物。

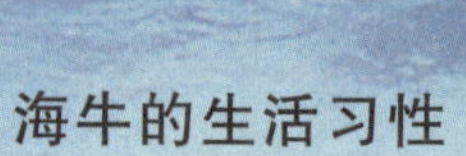

海牛的生活习性

海牛生活在浅海及河口，仅少数种类（如南美海牛）栖息在河流中。海牛的御敌能力不强，行动迟缓。

自然档案馆

纲：哺乳纲

目：海牛目

科：海牛科

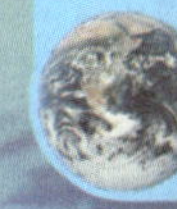

水中除草机

海牛是海洋中唯一的草食哺乳动物，海牛每天的食草量很大，每天能吃的水草相当于自身体重的5%~10%。这是因为海牛的肠子很长，有30米长，这是典型的草食动物的构造。海牛吃水草通常都是一片一片地吃过去，因而得名“水中除草机”。

海牛的“鼻盖”

海牛的两个鼻孔都有“盖”，当它仰头露出几乎朝天的鼻孔呼吸时，“盖”就像门一样打开，呼吸完毕之后，“盖”又自动关闭了。

通常在热带和亚热带的一些地区，海水成灾，这些地方的水草会阻碍水电站发电，堵塞河道和水渠，妨碍航行，还给人类带来丝虫病、脑炎和血吸虫病等灾害。海牛在这样的地区用处很大，如果将海牛放入河道中，这些问题就都可以解决了。

不可思议的动物——鸭嘴兽

鸭嘴兽是最原始的哺乳动物之一，能生蛋。它虽被列入哺乳纲，但又没有哺乳纲动物的完整特征。它是最原始最低级的哺乳动物，在动物分类学上被叫作“原兽亚纲”或被称为“单孔目卵生哺乳动物”。鸭嘴兽的寿命约为10～15年，凡见过鸭嘴兽的人都说它长得实在太怪异了：鸭嘴兽长约40厘米，全身裹着柔软的褐色的浓密短毛，它的脑颅与针鼹相比，略小，大脑呈半球状，光滑无回。鸭嘴兽四肢很短，五趾具钩爪，趾间有薄膜似的蹼，酷似鸭足，在行走或挖掘时，它的蹼反方向褶于掌部。鸭嘴兽吻部扁平，形似鸭嘴，嘴内有宽的角质牙龈，但没有牙齿，它的尾大而扁平，占体长的1/4，在水里游泳时起着舵的作用。

鸭嘴兽的吻部扁平，形似鸭嘴，嘴内有宽的角质牙龈，但没有牙齿。

自然档案馆

纲：哺乳纲

目：单孔目

科：鸭嘴兽科

鸭嘴兽的窝

鸭嘴兽能潜泳，它们常把窝建造在沼泽或河流的岸边，洞口开在水下，山涧、死水或污浊的河流，以及湖泊和池塘都能成为它们的栖身之所。鸭嘴兽在岸上挖洞作为隐蔽所，洞穴与毗连的水域相通。

鸭嘴兽宝宝

春季是鸭嘴兽生儿育女的季节。通常雌兽在水底寻找一块稳妥的地方，然后挖掘一个长约20米的洞穴。小小的鸭嘴兽居然能挖出如此宽大的洞穴，这相当于它在为自己和未来的孩子们建造一所豪宅。鸭嘴兽的雌兽一般在豪宅里产出两枚卵，经过两个星期的艰苦努力，它的小宝宝就可以出生了。这时，鸭嘴兽妈妈就可以把小宝宝抱在怀里，喂奶水给它们吃，幼仔要经过三四个月才能长大成“人”。

鸭嘴兽的生活习性

鸭嘴兽为水陆两栖动物，平时喜穴居水畔，在水中时，眼、耳、鼻均紧闭，仅凭知觉用扁软的“鸭嘴”觅食贝类。其食量很大，每天所消耗的食物与自身体重几乎相等。

嗜睡者——考拉

考拉是澳大利亚特有的珍贵原始树栖动物，它还有树袋熊、无尾熊以及可拉熊等非常可爱的名字，它主要生活在澳大利亚东南部的尤加利树林地区。考拉有一身柔软而浓密的短毛，主要呈现为灰褐色，而其胸、腹、四肢内侧以及内耳的皮毛却呈现为灰白色。它们有一对非常大的耳朵，耳朵中有细密柔软的茸毛，鼻子是呈扁平状而且裸露在外的。考拉没有尾巴，它的尾巴随着岁月的流逝已经退化成一个“座垫”，因而考拉能够长时间地坐在树上。考拉的四肢健硕有力，利爪长而弯曲，且尖利无比，五趾分为两排，一排二趾，一排三趾，因而它们非常善于攀树，能够长时间地待在树上，甚至还可以在树上睡觉，而不掉下来。

自然档案馆

纲：哺乳纲

目：双门齿目

科：树袋熊科

考拉的鼻子裸露且扁平，上面没有被毛，眼睛小而有神。

贪吃者

桉树叶是它们唯一的食物，考拉的肝脏非常奇特，能够分离桉树叶中的有毒物质。考拉喜欢在夜间活动，它们白天通常蜷缩在桉树上，晚间才开始活动，它们沿着树枝爬来爬去，寻找桉树叶充饥。考拉的胃口很大，一只成年考拉平均每天能够吃掉1千克以上的桉树叶。

红色大鼻子——长鼻猴

长鼻猴是东南亚加里曼丹特有的动物，是世界上体重最重的猴子。它们的鼻子大得出奇，其中雄性猴子随着年龄的增长，鼻子越来越大，最后形成像茄子一样的红色大鼻子，就像卡通片里的动画形象。它们激动的时候，大鼻子就会向上挺立或上下摇晃，样子十分可笑。长鼻猴这种异常突出的鼻子，雄性的可以长到18厘米长，利用这个长鼻子它们可以大声地警告别的动物不要来侵犯它，而雌性长鼻猴的鼻子比较正常。长鼻猴喜群居，常10~30只集为一群，活动范围不到两平方公里。它们善游泳，常一边在河中找东西吃，一边打闹着玩乐，但有时它们也能静下来一动不动地待上好几个小时。长鼻猴的幼猴很调皮，它们常戏弄父母，一会儿拧父母的鼻子，一会儿摇父母的尾巴。

长鼻猴的分布

长鼻猴在世界上仅产于亚洲东南部的加里曼丹岛，这里气候炎热，土地贫瘠，而且蚊子、白蛉肆虐，生存环境并不理想。

智多星训练营

长鼻猴的胃像一个大袋子，在解剖和生理上都与反刍动物的胃十分近似，在它们的胃中生存着大量可以发酵食物的多种微生物，使长鼻猴能够消化含有大量纤维素的植物叶子，因此，它所吃的植物种类要比其他灵长类动物更多。

自然档案馆

纲：哺乳纲

目：灵长目

科：猴科

长鼻猴的手足均有5个指、趾，有扁平的指甲。它们的手指和脚趾很灵活，可以紧握树枝和树干。

讲究卫生——浣熊

浣熊是单独的一科动物，即浣熊科。浣熊长得一点都不像熊：它身躯和四肢都比较细长，鼻子也长长的，它们脸上有黑斑，身上的毛颜色很多。浣熊的尾巴又长又粗，而且像小熊猫一样饰有黑白相间的环纹，它们大多栖居在树洞里，喜欢白天睡觉，夜里觅食。浣熊吃的东西很杂，像粮食、水果、蔬菜、鱼、蛙、兔、鼠、鸟和爬行动物等食物它们都吃，它们还吃人类饲养的鸡鸭，也去垃圾堆里找食物。浣熊喜欢热闹，即使处于闹市中心，它也毫不畏惧，还会像平常一样自在地活动。而且，浣熊特别喜欢闪光的东西，猎人们利用浣熊喜光的习性，常会在陷阱上悬挂锡纸，浣熊见到亮光，就会跑过来“自投罗网”。

自然档案馆

纲：哺乳纲

目：食肉目

科：浣熊科

“浣”字的由来

在动物园里，我们常会发现，许多动物对于游客扔给它们的食物是拿起就吃的，却很少看见有小动物在吃东西前，将食物清洗一下。但是美洲的小浣熊有一种“洁癖”，它们在吃食物以前，会把食物放在水中冲洗一下，然后再放到嘴里。由于浣熊在吃东西前总是喜欢把食物浸到水里不厌其烦地洗，因此，人们亲昵地称它浣熊，“浣”的字面意思就是“洗”。

浣熊的耳朵较小，顶端的毛为白色；它们的眼睛小而明亮，周围有黑色的眼眶；它们的鼻头为黑色，常为湿润状态。

打洞专家——穿山甲

穿山甲喜欢在山麓地带的草丛中或丘陵杂灌丛较潮湿的地方挖穴居住，可谓是打洞的“专家”。它们平时就生活在自己精心打造出的洞穴中，它们居住的洞穴的结构非常讲究，常常因为季节和食物的变化而有不同的变化，穿山甲会打造不同的洞穴，最常见的有两种形式：一种是夏天住的，我们称之为夏洞。夏洞一般建在通风凉爽，地势较高的山坡上，这样雨水就不会灌入洞内，洞内的隧道也比较短，长度大约为30厘米左右，里面结构也比较简单；另一种是冬天住的，我们称之为冬洞。冬洞一般筑于背风向阳、地势较低的地方，距地面垂直高度有4米多，洞内结构比较复杂，隧道弯弯曲曲，形似葫芦，每隔一段距离还有一道用土堆起的土墙，长度可达10余米，还经过两三个白蚁的巢，作为其冬季的“粮仓”，洞的尽头有一个较为宽敞的凹穴，里面铺垫着细软的杂草，用以保暖，是穿山甲越冬的“卧室”。

自然档案馆

纲：哺乳纲

目：鳞甲目

科：穿山甲科

穿山甲全身布满了鳞甲，当狮子等大型食肉动物试图去攻击穿山甲时，它会立即咬缩成一团，这是它自我保护的方法。

智多星训练营

李时珍的发现

李时珍为了弄清穿山甲的生活习性，跟随猎人进入深山老林，并对穿山甲进行了解剖，他发现穿山甲的胃里装满了未消化的蚂蚁，这和陶弘景的《本草经集注》的记载一模一样。但李时珍发现穿山甲不是用鳞片诱蚁的，而是“常吐舌诱蚁食之”。于是，他修订了本草书上关于这一点的错误记载。同时，李时珍又在民间收集了穿山甲的药用价值，记载了一段“穿山甲、王不留，妇人食了乳长流”的顺口溜。

穿山甲的长嘴中长有带黏液的长舌头。

臭气熏天——臭鼬

臭鼬主要分布在加拿大南部、美国和墨西哥北部。一般生活在树林、草原和沙漠中。它们昼伏夜出，捕捉昆虫、青蛙、鸟类和蛋作为食物。臭鼬可以放出奇臭的液体，这种液体常在臭鼬遇到威胁时被释放出来，当敌人靠近，臭鼬会低下来，竖起尾巴，用前爪跺地发出警告，如果臭鼬的警告未被理睬，它便会向敌人喷射恶臭的液体，其强烈的臭味在800米外都可以闻到。臭鼬的臭液不但臭，而且极具喷射力，3米内通常可以准确地击中目标。这种液体是由它们尾巴旁边的腺体分泌出来的，被击中者会短时间失明。因此，大多数动物，比如美洲豹、美洲野猫，除非迫不得已，都会避开臭鼬。

臭鼬的生活习性

臭鼬生活于林地、沟谷和耕地四周，多在黄昏活动，偶见于白天。它们挖洞而居、用草叶作为垫巢材料。

智多星训练营

臭鼬长着一身醒目的黑白相间的毛皮。它的体毛是黑色的，在身体的两边有白色的条纹，两条宽阔的白色背纹始于颈背并向后延伸至其尾基部。臭鼬头部是亮黑色的，前额也有一条较窄的白色条纹，其身体大小和家猫差不多，体重为 3~6 千克，体长为 33~46 厘米（不包括尾巴），雄性大于雌性。臭鼬的尾巴呈现丛毛状，长 18~25 厘米，有时尖端为白色。

自然档案馆

纲：哺乳纲

目：食肉目

科：臭鼬科

臭鼬的食性

臭鼬是杂食性动物，秋、冬季以野果、小型哺乳类及谷物为食；而春、夏季多以昆虫和谷物等为主。偶尔，它们也吃小鸟、鸟卵、蛇、蛙等小动物。

爱情勇士——大角羊

大角羊头上的角又粗又大，而且向前弯曲，所以人们称它为大角羊。雄性大角羊的角特别大，呈螺旋状扭曲一圈多，角外侧有明显而狭窄的环棱。一般，雄性大角羊的角自头顶长出后，两角略微向外侧后上方延伸，随即再向后下方及前方弯转，角尖最后又微微往外上方卷曲，形成明显螺旋状角形，其角基一般特别粗大且稍呈浑圆状，至角尖段则又呈刀片状,角长可达1.45米上下，巨大的角和身体显得不相称。雌性大角羊角形简单，角体也明显较雄羊短细，角长不超过0.5米，角形呈镰刀状。大角羊生活在北美至欧亚地区的部分大陆上，它们喜欢生活在干燥的荒地，雄大角羊和雌大角羊分别组成自己的羊群。大角羊的主要食物为树叶、草、地衣等植物。

大角羊的分布

大角羊主要分布于亚洲中部的广阔地区，包括中国、俄罗斯和蒙古。

智多星训练营

大角羊又称盘羊，躯体粗壮，体长150~180厘米，体重可达110千克。

大角羊的视觉、听觉和嗅觉都很敏锐，性情机警，稍有动静，便迅速逃遁。

爱惜自己的大角羊

大角羊很会照顾自己，它们除了正餐外，还会舔食盐渍地，以补充体内缺乏的矿物质。大角羊在寒冷的冬季从不喝水，而到夏天则一天至少要喝一次水。群体大角羊在采食或休息时常有一头成年羊在高处守望，它们能及时发现很远地方的异常，当危险来临，守望的大角羊即向群体发出信号。大角羊能在悬崖峭壁上奔跑跳跃，来去自如。

自然档案馆

纲：自然档案馆

目：偶蹄目

科：牛科

用铲子工作——驯鹿

驯鹿是一种环北极分布动物，主要分布在欧亚和北美大陆北部及一些大型岛屿之中，还有一些人工引进的品种生活在南佐治亚岛上。据考证，我国的驯鹿与贝加尔湖东北部尼布楚河上游温多苔原高地的驯鹿有一定关系。目前，我国驯鹿只见于大兴安岭东北部林区。驯鹿的蹄宽大扁平，像铲子一样。驯鹿被印第安人称为“用铲子工作的动物”，因为驯鹿总是用形似铲子的前蹄挖取食物。当鹿蹄踏在泥泞的土地上或者松软的雪地上时，它的趾会伸开，这样就增大了受力面积，免除了驯鹿陷在某些地方而不能行动的危险。此外，驯鹿强壮而灵活的四肢和坚硬宽大的四蹄还能使驯鹿刨开铁锹都难以刨开的坚固雪层，从深约1米的雪下获取食物。

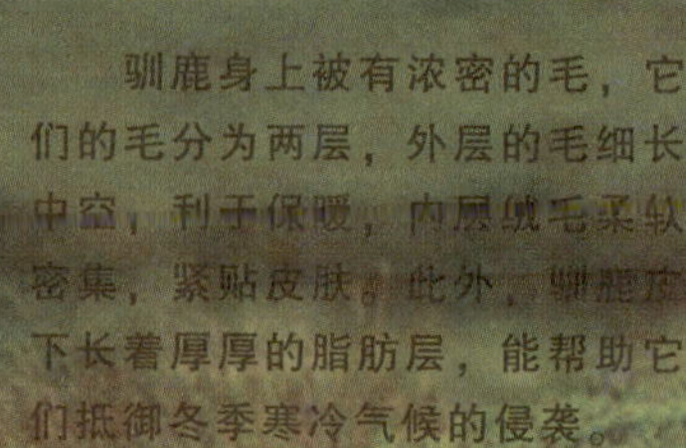

驯鹿身上被有浓密的毛，它们的毛分为两层，外层的毛细长中空，利于保暖，内层绒毛柔软密集，紧贴皮肤。此外，驯鹿皮下长着厚厚的脂肪层，能帮助它们抵御冬季寒冷气候的侵袭。

智多星训练营

驯鹿是鹿科动物中数量最多的物种，据调查，全世界的野生驯鹿在 1986 年有 390 万头，据 1985 年统计的结果，俄罗斯野生驯鹿有 98 万头，半家养驯鹿有 223 万头。我国驯鹿都是半家养的种群，由于长期近亲繁殖，遗传基因衰退严重，加之疾病、天敌危害，存亡数量大致相抵。

驯鹿的繁殖

每年9 月中旬至 10 月是驯鹿的交配季节，在此期间，雄鹿为争夺雌鹿斗争激烈，雌鹿的妊娠期为 225~240 天，4~5 月之间产仔。哺乳期为 165~180 天。雌鹿 1~5 岁成熟，繁殖能力很强，雄鹿成熟较晚。

驯鹿的鹿角长着很多枝杈，枝杈多的竟然达 30 个。

自然档案馆

纲：哺乳纲

目：偶蹄目

科：鹿科

面目狰狞——疣猪

疣猪是一种长相奇特的动物，得名于其两眼之下各长出一对大疣。雄疣猪在吻部长出另一对较小的疣，位于獠牙之上。它的头部大而宽，上面点缀了6个面部疣，在它挖土取食时，这些疣可能有助于保护眼睛，还可使头部看起来更大，因而成年疣猪的面貌更为狰狞。不仅如此，它们还长着长长的弯曲的大獠牙，这是它们自卫的武器，短而尖的下獠牙可当刀用。它们的身体像桶一样。疣猪有的独居，有的雌雄成双，也有的合家同住。它们所占的地盘界限分明，晚上住在地洞里。疣猪的地洞通常是通过占据其他动物的洞穴加以扩大而成的。疣猪日间觅食，吃青草、苔草及块茎植物。它们喜欢在泥泞中打滚沐浴，有时还四脚朝天仰卧。

疣猪会用其特有的武器，发起反攻，很多非洲狮子身上的伤疤，都是它们那4颗锋利獠牙的杰作。

自然档案馆

纲：哺乳纲

目：偶蹄目

科：猪科

第二章

奇怪的植物

本本蕨类现存者——桫椤

桫椤又名树蕨，高达8米。桫椤是现今仅存的木本蕨类植物，极其珍贵，被国家列为一级重点保护植物。桫椤的外形有些像椰子树，树干呈圆柱形，直立而挺拔；许多大而长的羽状复叶丛生在树顶上并向四方飘垂。若把它的叶片反转过来，背面可以看到很多星星点点的孢子囊群。孢子囊中长有许多孢子。桫椤是不开花的，自然也就不结果实，没有种子，它就靠这些孢子来繁衍后代。孢子落入土壤后，要先萌发出一个心形片状体，即原叶体。绿色的原叶体下面生长着假根，可独立存活。原叶体上长着颈卵器和精子器，当精子器成熟后，里面会出现长着许多鞭毛的精子，它们在水中游动，直至同颈卵器里的卵细胞结合形成合子，合子持续生长，并不断从原叶体上吸收养料，继而发育成一棵新的蕨类植物。

智多星训练营

蕨类植物是高等植物中一个较为低级的类群。在远古的地质时期，蕨类植物大部分都是高大的树木，但后来由于大陆的变迁，这些蕨类植物多数被深埋地下变为煤炭。现在能在地球上找到的蕨类植物大多是较矮小的草本植物，桫椤是唯一幸存的木本蕨类植物。桫椤具有极高的研究价值。其茎部富含淀粉，可供食用，也可入药。

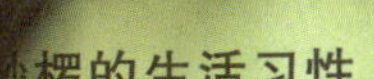

桫椤的生活习性

桫椤为半阴性树种，喜温暖潮湿气候，喜生长在冲积土中或山谷溪边林下，主要生长在热带和亚热带地区，东南亚和日本南部也有分布。

自然档案馆

纲：薄囊蕨亚纲

目：直蕨目

科：桫椤科

吸水高手——泥炭藓

泥炭藓一般生长在沼泽地区或森林洼地，它呈垫状丛生，通常为淡绿色，干燥时呈黄白色或灰白色，高达几十厘米。泥炭藓茎及枝表皮细胞具有螺纹及水孔。泥炭藓茎叶呈舌形，平展，叶细胞无螺纹；其枝叶呈阔圆形，内凹，先端兜状内卷，绿色，细胞在叶片横切面呈狭长三角形，偏于叶片腹面。泥炭藓雌雄异株。精子器呈球形，集生于雄株头状枝或短枝顶端，每一苞叶叶腋间生1个。泥炭藓孢子成熟时为紫黑色，有柔弱、透明的假蒴柄从茎顶伸出。

自然档案馆

纲：泥炭藓纲

目：泥炭藓目

科：泥炭藓科

泥炭藓的分布

泥炭藓的生命力极强，广泛分布在亚洲、欧洲、美洲、大洋洲等地。在我国主要生长在东北、华东、中南和西南等地区。

智多星训练营

泥炭藓是泥炭藓纲泥炭藓科的唯一代表物种，同时也是吸水能力极强的植物，可吸收自身重量10~25倍的水分，吸水能力是脱脂棉的2~2.5倍。因此，泥炭藓的用途非常广泛，经消毒加工后，可制成急救包或代替脱脂棉做医用敷料。由于泥炭藓中含大量具有收敛和杀菌作用的丁香醛、泥炭藓酚和多种酶，因此在作为伤口敷料使用时，能够促进伤口愈合。

开花树——铁树

在遇到很难实现或不可能实现的事情时，人们总是用“铁树开花”这个成语来形容。那么，铁树是什么？它到底能不能开花呢？铁树原产于中国南方，相传十六年才开一次花。受环境的影响，生长在北方温带地区的铁树开花会更难些，有时几十年甚至一生都不开花，故有“千年铁树开花”之说。这是因为铁树喜热，对于寒冷的气候环境很难适应，所以不容易开花。铁树又名苏铁，它是种子植物原始的种类，分布于热带、亚热带地区。铁树雌雄异株，种子卵圆形，大小与鹌鹑蛋差不多，成熟时呈朱红色。茎通常不分枝，顶端簇生大型羽状深裂的叶，是一种棕榈形的叶。叶片革质，坚硬，幼时蜷卷。

纤维缔造者——苎麻

苎麻拥有最长的植物纤维细胞，细胞长达 620 毫米，而且这种纤维质地坚韧，有光泽，可染各种鲜艳颜色，染色后不易退色。用这种纤维纯纺或混纺织成的布料美观耐用。苎麻纤维的抗张力强度很大，要比棉花高 8～9 倍，可以用来做降落伞、飞机翼布的原料以及帆布、航空用的绳索、麻线、手榴弹拉线等。苎麻纤维浸湿的时候吸收水分速度加快，硬度增大，耐腐、不易发霉，所以还可以用它制造防雨布、渔网等。苎麻纤维还具有散热快、不容易导电的特性，因此，可以用它做电线的包皮、轮胎的内衬、机器的传送带等。唐朝的时候，中国就已经能充分利用苎麻纤维了。中国的苎麻，无论是栽培面积还是总产量都居世界第一位。

最长植物——白藤

白藤是陆地上生长的最长的植物。白藤也被称为省藤，有人将其形象地称为“鬼索”。白藤是棕榈科省藤属植物，一般生长于非洲的热带丛林中，在我国一般分布于云南西双版纳的山地常绿阔叶林中。白藤的茎干纤细，单生；叶羽状全裂，叶轴的顶端没有纤鞭，为雌雄异株植物。白藤的果实呈椭圆形，长约 1.8 厘米，果实直径为 1.5~1.7 厘米，其种子为长圆形，表面具有瘤状突起。白藤的藤茎柔韧度极强，是编织藤制家具的首选材料。其茎尖部位富含营养物质，可作为野菜食用，营养价值极高。白藤的茎干顶部生长着羽毛状的叶片，叶面上有尖刺，微风吹过时，长长的茎叶随风飘舞，犹如一根长满硬刺的长鞭在风中挥舞。

打破吉尼斯纪录

据吉尼斯纪录记载，美国加利福尼亚州有一株1892年栽种的白藤，而且这株白藤物种来源于我国。迄今为止，这株白藤已有百余年的寿命。它的主干为150多米，覆盖面积约4 046平方米。这株巨型白藤在春季开花时景色甚为壮观，而且在持续一个多月的花期内，陆续绽放的花朵约有150万朵之多，其壮观景象令人们叹为观止。

白藤的茎特别长，而且很纤细，可以说是植物王国里的“瘦长个子”。其茎直径不过4~5厘米，一般长达300米，最长的可达500米。

白藤叶互生；单数羽状复叶，长约30厘米。小叶11~13片，卵圆形，长5~8厘米，宽2~3厘米，先端渐尖，基部圆形至近心形，幼时两面密生丝状茸毛，老时几乎无毛。

含植物蛋白最多的农作物——大豆

大豆呈椭圆形或球形，颜色有黄色、淡绿色、黑色等，故又有黄豆、青豆、黑豆之称。令人奇怪的是，一粒小小的大豆却拥有极高的营养价值。因为大豆中含有丰富的蛋白质、人体必需的氨基酸，还有大豆皂甙。大豆可以提高人体免疫力，还可防止血管硬化。黄豆中的卵磷脂可除掉附在血管壁上的胆固醇，防止血管硬化，预防心血管疾病，保护心脏。大豆中的卵磷脂还具有防止肝脏积存过多脂肪的作用，从而有效地防治因肥胖而引起的脂肪肝；大豆中含有的可溶性纤维，既可通便，又能降低胆固醇含量；同时，大豆还能降糖、降脂。大豆中含有一种抑制胰酶的物质，对糖尿病有治疗作用。

大豆的根有主、侧根之分，可入土1.5米深，根系呈钟罩状。在地表至20厘米左右的根部生有根瘤，根瘤菌可供大豆需氮量的1/3~1/2。

丰富的蛋白质

大豆是一种含有丰富的蛋白质的豆科植物。由于它的营养价值很高，被称为“豆中之王”“田中之肉”“绿色的牛乳”等，大豆是数百种天然食物中最受营养学家推崇的食物。大豆富含植物蛋白，可以增强机体的抗病能力，还有降血压和减肥的功效，并能补充人体所需要的热量。

大豆植株直立，有分枝，高度从几厘米到两米以上。自花授粉，花呈白色或微带紫色。

大豆种子为黄、绿、褐、黑或双色，每个荚果内含1~4粒种子。

大豆在各类土壤中均可栽培，但在温暖、肥沃、排水良好的沙壤土中生长旺盛。

最古老的农作物——豌豆

豌豆为一年生缠绕草本植物，植株高 90~180 厘米。花冠为白色或紫红色；荚果为长椭圆形，长 5~10 厘米，内有坚纸质衬皮；种子为圆形，青绿色，变干后为黄色。花果期是 4~5 月。奇怪的是，豌豆喜冷冻湿润气候，耐寒，不耐热，是长日照植物。豌豆在我国的主要产区有四川、河南、湖北、江苏、青海等十多个省。多数品种的生长期在北方比南方短。豌豆的适应性强，即便是在贫瘠的土壤上也可以存活，但以疏松且含有机质较高的中性土壤为宜，这样的土壤有利于出苗和根瘤菌的发育。

可抗癌

豌豆营养丰富，含蛋白质，脂肪，糖类，粗纤维，还有矿物质、维生素等。豌豆荚和豆苗的嫩叶中富含维生素 C 和能分解体内亚硝胺的酶，可以分解亚硝胺，具有抗癌防癌的作用。此外，豌豆所含的止杈酸、赤霉素和植物凝素等物质，具有抗菌消炎、增强新陈代谢的功能。

豌豆可根据表皮分为皱皮及圆粒，干后变为黄色。根上生长着大量侧根，主根、侧根均有根瘤。

豌豆既可做蔬菜炒食，子实成熟后又可磨成豌豆面粉食用。因豌豆豆粒圆润鲜绿，十分好看，也常被用来作为配菜，以增加菜肴的色彩，促进食欲。

种子可呈圆形、圆柱形、椭圆形、扁圆形、凹圆形，每荚2~10颗，多为青绿色，也有黄白、红、玫瑰、褐、黑等颜色。

灭虫专家——除虫菊

除虫菊是菊科多年生草本植物。约有半米高，从茎的基部抽出许多深裂的羽状的绿叶，在绿叶之中簇拥着野菊似的头状花序，花序的中央长着黄色的细管状的花朵，外周镶着一圈洁白的舌状花瓣，看起来淡雅、别致。除虫菊不仅可以除灭蚊虫，还可杀灭农作物和林木、果树的害虫。它和烟草、毒鱼藤合称为“三大植物性农药”。在夏秋之间，把即将开放的除虫菊花朵采摘下来，阴干后磨粉，过 120~150 目的筛子。每斤除虫菊粉加 200~300 倍的水，并酌加肥皂做成悬浮液，搅匀后喷洒在农作物上，可以防治农业上的多种害虫。即使把除虫菊草整个浸泡在 20 倍的水中，也有良好的防治效果。如果把 50% 的除虫菊粉、48% 的榆树皮粉、1% 的萘酚、1% 的色粉配在一起，再加入一定量的水调成糊状，就可制成蚊香。

除虫菊全株为浅银灰色，被贴伏绒毛，叶下面毛更密。茎单生或少数簇生，不分枝或分枝。

除虫菊的花朵中含有0.6%~1.3%的除虫菊素和灰菊素，除虫菊素又称除虫菊酯，是一种无色的油状黏稠液体。当蚊虫接触这种液体之后，就会神经麻痹，中毒而死亡。除虫菊对蜈蚣、鱼、蛙、蛇等动物也有毒麻作用，但对人畜无害，是理想的杀虫剂。除虫菊还可药用，有治疗疥癣之功效。

除虫菊头状花序单生茎枝顶端，排成疏散不规则伞房状，异形；外层总苞片无膜质边缘异色，内层总苞片有宽而光亮的膜质边缘，顶端有加宽的附片；舌状花白花。瘦果有5~7条纵肋。

除虫菊叶银灰色，有腺点，基生叶长达10~20厘米，有长叶柄，叶片卵形或矩圆形，沿有翅的羽轴羽状全裂，一层羽片或掌状再浅裂或深裂，末层羽片条形至矩圆状卵形，顶端钝或短渐尖。

朝阳的“家伙”——向日葵

向日葵体内会产生一种奇妙的生长素，大多集中在生长旺盛的部位。向日葵所含的这种生长素不仅具有促进细胞生长和分裂繁殖的作用，还具有背光、遇光照射就会转移到背光一侧的特点。所以，旭日东升，翠绿欲滴的向日葵东侧由于受到阳光照射，使得向日葵生长旺盛的顶端幼茎在其背光的西侧聚焦了较多的生长素。这一侧的细胞纵向伸长，生长速度也就开始变快，结果导致幼茎向生长慢的东侧弯曲，即向日葵顶端的花盘早晨向东弯曲。随着太阳在空中位置的移动，光照的方向也随着改变，向日葵顶端的花盘也不断改变方向，中午直立，下午向西弯曲，这些都是向日葵茎顶具有向光性的表现。

向日葵的叶分为子叶和真叶。子叶有一对。真叶在茎下部 1~3 节，常为对生，以上则为互生。真叶比较大，叶面和叶柄上着生短而硬的刚毛，并覆有一层蜡质层。

向日葵的由来

向日葵又叫葵花、朝阳花。人们通常所指的花盘并不是一朵花，而是一个花序，即头状花序。它是由短缩肥厚的花轴和密布其上的小花组成的。向日葵的花盘有个怪现象：花盘总是跟着太阳转动。向日葵长着硕大的金黄色花盘，它和太阳就像亲密无间的朋友，白天总是跟着太阳转，故而得名。

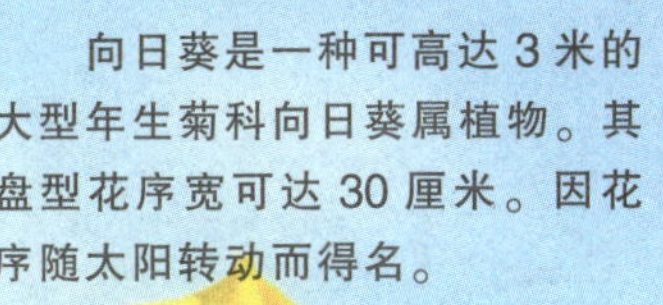

向日葵是一种可高达 3 米的大型年生菊科向日葵属植物。其盘型花序宽可达 30 厘米。因花序随太阳转动而得名。

向日葵四季皆可生长，但主要以夏、冬两季为主。花期可达两周以上。向日葵除了外型酷似太阳以外，它的花朵明亮大方，适合观赏摆饰。

水果之王——木波罗

世界上最大的水果是木波罗，木波罗又名波罗蜜、树波罗，被冠以“水果之王”“热带水果皇后”等美名。世界上最重的木波罗果实重量达到了 50 千克。木波罗果实的外形是非常不规则的，大多数呈椭圆形，其表皮粗糙并带有软刺。虽然木波罗的外表不是那样的招人喜欢，但是它的果实却十分甜润爽口，并含有丰富的糖分、维生素及矿物质。木波罗的种子富含淀粉，可以采用煮、烘、炒或炸等烹调方法食用，味美如栗。木波罗的树形非常好看，生长速度特别快，因此，人们一般把它作为良好的绿化树种来栽培。木波罗树原产于印度，在我国海南、广东、广西、云南、福建和台湾的热带、亚热带地区均有栽培。

木波罗绿色未成熟的果实可做蔬菜食用，棕色成熟的果实可鲜食，味甜而不浓。

木波罗果实成熟时，果皮为黄绿色，采收之后会转变为黄褐色。皮像锯齿，有六角形瘤，突起，坚硬有软刺；果肉被乳白色的软皮包裹着。

木波罗树的果实为浅黄色，品种主要分为湿包和干包两大类。干包木波罗果皮坚硬，肉瓤肥厚，汁少、味甜，香气特殊且浓；湿包木波罗的果汁多、柔软甜滑，鲜食味甘美，香气中等。

木波罗果肉质地为肉质，金黄色，鲜果肉香甜爽滑，有特殊的蜜香味。种子浅褐色，卵形或长卵形。果熟期为5~9月。

高热量——鳄梨

鳄梨是含热量最高的水果，每 100 克果肉中就含有 163 千卡热量。同时，鳄梨也是一种营养价值很高的水果，含多种维生素、丰富的脂肪和蛋白质，钠、钾、镁、钙等微量元素的含量也很高。除食用外，鳄梨还可做高级化妆品、机械润滑和医用润肤油及软膏原料。鳄梨含丰富的叶黄素，叶黄素是一种类胡萝卜素，可以充当抗氧化剂，并且可以减少前列腺癌的病发概率。鳄梨果肉可鲜食，也可做海鲜的配菜，也可做鲜美可口的汤。

完美的食物

日本静冈大学研究人员发现，鳄梨可以使肝病的症状减轻。研究人员使一群实验鼠肝脏受伤，然后给它们喂食 22 种不同的水果。经过一段时间的试验后，发现鳄梨更有助于老鼠肝脏的恢复。鳄梨中所含的植物化学物质对损害肝脏健康的病毒有特殊的杀伤力。富含维生素 E 和维生素 C、钾、植物纤维和叶酸盐的鳄梨，所含的脂肪是不饱和的，可以保护心血管系统。因此，鳄梨被称为“完美的食物”。

维生素C工厂——辣椒

辣椒的果实大多像毛笔的笔尖，也有灯笼形、心脏形等。果实未熟时呈绿色，成熟后变为红色或黄色。一般有辣味，供食用和药用。

辣椒的果实因果皮中含有辣椒素而有辣味，辣椒素能增进食欲。辣椒含有很高的维生素，但是以下人群要慎重食用：首先是体形偏瘦的人，中医认为，瘦人多属阴虚和热性体质，常表现为咽干、口苦、眼部充血、头重脚轻、烦躁易怒，如果过量食用辛辣食物，就会使上述症状加重，导致出血、过敏和炎症；其次是甲亢患者，甲亢患者常常处在高度兴奋状态，过量吃辣椒等刺激性食物会加重其症状；再次，肾炎患者不宜食用辣椒，研究证明，在人体代谢过程中，辛辣成分常常要通过肾脏排泄，对肾脏实质细胞产生不同程度的刺激作用；同时，慢性胃肠病、痔疮、皮炎、结核病、慢性气管炎及高血压患者也都不宜食用辣椒。

辣椒属于一年或多年生草本植物。果实通常呈圆锥形或长圆形，未成熟时呈绿色，成熟后变成鲜红色、黄色或紫色，以红色最为常见。

人都说吃辣椒会上瘾，这究竟是为什么呢？人吃了辣椒以后，当辣椒的辣味刺激舌头、嘴的神经末梢时，大脑会立即命令全身“戒备”：心跳加速、唾液或汗液分泌增加、肠胃加倍“工作”，同时释放出内啡肽。若再吃一口，脑部又会以为有痛苦袭来，释放出更多的内啡肽。持续不断释放出的内啡肽，会使人感到轻松兴奋，产生“快感”。

智多星训练营

辣椒的利弊

在天气寒冷的冬季，有很多人喜欢吃辣椒来抗寒。但任何事物都是存在两面性的，传统医学认为，辣椒虽能驱寒、止痢、杀虫、增强食欲、促进消化，但膳食上应当讲究五味调和，过于偏爱辣味，容易造成脏腑阴阳失调，引发疾病。辣味有发散、行气、活血等功能，吃多了容易使肺气过盛，耗伤气阴，导致免疫力降低而感冒，出现咽喉干痛、两眼红赤、鼻腔烘热、口干舌痛以及烂嘴角、流鼻血、牙痛等“上火”症状。

蔬菜中热量最低的——黄瓜

黄瓜的含水量为96%～98%，是含热量最低的蔬菜。黄瓜属于葫芦科黄瓜属，它也被称为青瓜、刺瓜，是一年生蔓生或攀缘草本植物。黄瓜的茎细长，有纵棱。黄瓜的栽培历史非常悠久，种植的区域比较广泛，是一种世界性蔬菜。黄瓜栽培季节较长，露地栽培可达9个月以上，利用设施栽培可达到周年生产与供应，是市销和出口的重要蔬菜之一。黄瓜的奇怪之处在于黄瓜含有丰富的维生素E，有美容、防止皮肤衰老的作用。用黄瓜汁做面膜，有润肤祛斑、减少皱纹的功效。黄瓜不但有美容功效，而且有清热利尿的功能。此外，鲜黄瓜内还含有丙醇二酸，可以抑制糖类物质转化为脂肪。

黄瓜的品种

黄瓜有3个品种群：一类果很大，生长旺盛，但仅适应于温室或搭架栽培；一类果大，一般有白刺，室外栽培；一类果小而带刺，产量高，包括户外栽培。黄瓜的营养价值不高但很受欢迎，常用来做沙拉和配菜。新鲜黄瓜形状美观，呈鲜绿色，在冰箱内约可存放两周。

黄瓜的茎上覆有毛，富含汁液，叶片的外观有3~5枚裂片，覆有绒毛。

选购黄瓜，应首选色泽亮丽，外表有刺状突起的。若手摸发软，低端变黄，则黄瓜籽多粒大，不是新鲜的。

花粉王——西葫芦

西葫芦属一年生草本植物。令人奇怪的是，西葫芦的花粉营养价值非常高，因为在它的植物体中含有较高的蛋白质，以及维生素C、葡萄糖等物质，花粉中钙的含量极高。西葫芦的花粉还具有医疗功效，它可以制成药剂，防治慢性前列腺炎、出血性胃溃疡、感冒等疾病，此外，西葫芦花粉还有增强体质的作用。因此，在许多饲养场，人们往往在猪、鸡、牛的饲料中加入少量西葫芦花粉来提高猪、牛的生产率和鸡的产蛋率。此外，西葫芦的食疗作用也很明显，具有清热利尿、解渴除烦、清热止咳等功效。西葫芦中还含有一种干扰素诱生剂，能够诱发机体产生大量干扰素，以提高身体的免疫力。西葫芦中水分含量较多，可润泽肌肤、美容养颜。

果实

西葫芦的果实是平滑的长圆柱形或椭圆形。瓜皮颜色很多，有绿色、浅绿色、墨绿色或白色，西葫芦的果实上有绿色的条纹，成熟后果实逐渐变成黄色。西葫芦的瓠果有圆筒形、椭圆形和长圆柱形等多种形状。嫩瓜与老熟瓜的皮色有的品种相同，有的不同。嫩瓜的外表皮有白色、金黄色、深绿色、墨绿色或白绿色相间等；成熟的瓜皮颜色为白色、乳白色、黄色、橘红色或黄绿色相间等。

西葫芦外形有独特的特点：单叶，大型，掌状深裂，互生（矮生品种密集互生），叶面粗糙多刺。叶柄长而中空。有的品种叶片绿色深浅不一，近叶脉处有银白色花斑。

出淤泥而不染——荷花

荷花非常漂亮，一般生长在池塘中。一场大雨过后，圆圆的荷叶上便会出现一颗颗晶莹剔透的水珠，为荷花增添了更加别致的风韵。

荷花的地下茎——藕，营养丰富，是人们制作各种美味佳肴的常用品。在采集藕时，我们会发现一个有趣的现象，那就是当把藕折断时，我们便会发现藕中有许多细长的丝，即使我们把它拉得很长也不会断。原来，植物体有许多运输水分和养料的通道，其中运输水分和无机盐的通道被称为导管，运输有机物质的通道被称为筛管。导管壁有许多地方木质化增厚，在壁上呈现出环纹、螺纹、梯纹、网纹和孔纹等状。藕的导管壁呈螺旋状，也就是螺纹导管。没有增厚的导管壁比较薄，当受到外力拉伸时，较薄的地方很容易被分开。螺纹导管就像一根用胶水粘成的弹簧管子，当用力把弹簧拉长时，只有在胶水破裂后才会分开。同样的道理，当我们把藕折断时，藕的各个螺纹就会分离，也会像弹簧一样可以拉长，这就是我们所看到的丝。如果不是将丝拉得很长，藕丝是很难断裂的，于是人们便把藕的这一特性形象地称为“藕断丝连”。

出淤泥而不染

荷花又被称为莲花，从古代的文人墨客到今天的大众，人们都对其“出淤泥而不染”的品质非常喜爱。在中国古代，很多诗人、作家以荷花为题，用以赞美廉洁的官员、纯洁的友情等。

藕含有淀粉、蛋白质、天门冬素、维生素C以及氧化酶成分，含糖量也很高，生吃鲜藕能清热降火、解渴止呕。

多肉多刺者——仙人掌

仙人掌大多分布在干燥地区，少数种类分布在热带或亚热带地区。其茎肥厚，含叶绿素，为草质或木质。其叶大多极度退化，甚至已经消失。

智多星训练营

仙人掌具有很高的使用价值。其果实不仅可以生食，还能酿酒或制成果干。人们通常用仙人掌来煲汤或者烤制，也可以做成馅饼，还能够腌制。有些柱状仙人掌的木质躯干可以用来做建筑材料。其片状茎节可作为牲畜饲料，它的黏稠汁液还可作为净化剂，清洁水源。

仙人掌的老家在南美和墨西哥，它的祖辈们面对严酷的干旱环境，与滚滚黄沙“斗争”，与少雨缺水、冷热多变的气候“斗争”。千万年过去了，它们终于在沙漠里站稳了脚跟，然而“体态”却变了样：叶子不见了，茎干成为肉质，多浆多刺。这种变化对仙人掌类植物大有好处。正如大家所知，植物的需水量很大，它喝的水大部分消耗于蒸腾作用，叶子是主要的蒸腾部位，大部分水分都要从这里流失。为对付酷旱，仙人掌的叶子退化了，有的甚至变成针状或刺状，这就从根本上减少了对水的需求。仙人掌节水能力到底有多大？有人把株高差不多的苹果树和仙人掌种在一起，在夏季里观察它们一天消耗的水量，结果苹果树的耗水量是10~20千克，而仙人掌却只有20克，相差上千倍。这不是仙人掌“吝啬”，而是生存的需要。

仙人掌的刺变成了白色茸毛，不但可以反射强烈的阳光，借以降低体表温度，还可以起到减少水分蒸发的功效。

运动家——爬山虎

爬山虎也称“巴山虎”，属葡萄科植物，其花较小，呈黄绿色，果实呈紫黑色。爬山虎常攀缘在墙壁或岩石上，其根、茎均可入药，有破淤血、消肿毒之功效。爬山虎是怎样爬上光滑的墙、石壁或树干的呢？爬山虎与葡萄科其他的植物有所不同，其他植物大多是靠卷须（由变态枝变态形成的）攀缘其他物体上升，爬山虎也长有卷须，且分枝较多，卷须上面有圆且凹的吸盘。吸盘周围能分泌液体，吸盘接触到墙壁时，这种液体就会把吸盘封闭起来，形成内外压力差后，吸盘就可以产生吸力，将墙壁或树干牢牢吸住，所以爬山虎便能到处攀爬。长大后的枝叶固定嫩枝后又继续向前生长，又长出新的卷须和吸盘。就这样不停地循环，一两年爬山虎便可以爬满墙壁了。

适者生存

爬山虎分布广泛，适应性强，耐寒、耐旱，对土壤的要求也不高，是很好的绿化植物。

东北三宝之首——人参

人参是五加科的多年生草本植物，它特别喜欢生长在茂密的森林里，但也不是在所有茂密森林中都能生长的。早在1 000多年前，民间流传着“三桠五叶，背阳向阴，欲来求我，椴树相寻”的说法。这说明，最适于人参生长的森林是针阔叶混交林和杂木林，其中尤以有椴树丛生的阔叶林为最。当然，除了椴树林以外，在有柞树和椴树的阔叶林中也有人参生长。

人参对土壤也有一定的要求，它喜欢生长在棕色森林土上，而且需要比较丰富的腐殖质。在阔叶林里，常年堆积着枯枝落叶，产生了许多腐殖质，土壤结构比较疏松，因此能满足人参的生长需要。上述各种环境条件，只有中国东北林区才具备，人参主要产在东北就不足为怪了。

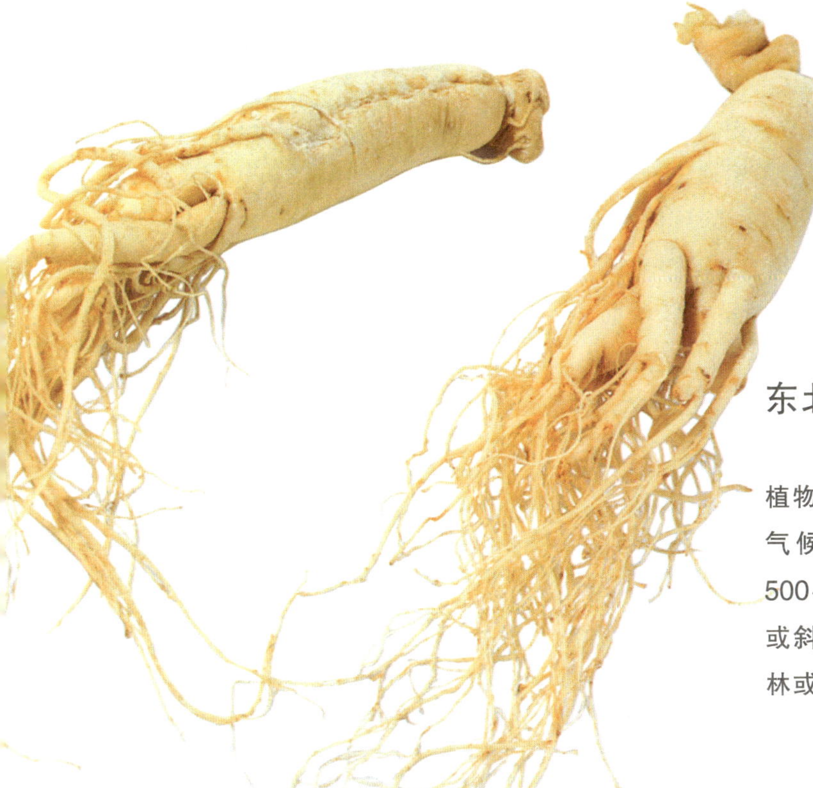

东北特产

人参为多年生草本植物，喜阴凉、湿润的气候，多生长于海拔500~1 100 米山地缓坡或斜坡地的针阔叶混交林或杂木林中。

良药苦口——黄莲

黄连，多集聚成簇状，常弯曲，形如鸡爪，表面为灰黄色或黄褐色。黄连味道极苦，民间早传有“黄连苦，苦连心”的俗语。黄连虽苦，它所含的黄连素却具有很高的药用价值。在中医学上以黄连根状茎入药，性寒、味苦，其功能为清热除湿、泻火解毒，主治高热烦躁、胸闷呕吐、痈肿、疔毒、目赤、口疮等症。黄连之苦名副其实，因为黄连的根茎里含有7%左右的黄连素，将其与大量的水混合后仍有苦味。由此不难知道，为什么黄连素药片的外面会有一层糖衣了，如果没有糖衣包裹，黄连素的苦味会让人难以下咽。

黄连为多年生草本植物。叶柄长 5~12 厘米，聚伞花序顶生；有 5 片萼片，黄绿色；花瓣倒披针形，长约为萼片的 1/2，中央有蜜槽。

黄连的花期为 2~4 月，果期为 3~6 月。野生或栽培于海拔 1 000~1 900 米的山谷凉湿荫蔽密林中。主要产于四川、湖北。

味连的鉴别

味连是黄连的一种，它的药材多数聚集成簇，常常弯曲，形如鸡爪，俗称“鸡爪连”，其单枝根茎长 3~6 厘米，直径 0.3~0.8 厘米。表面粗糙，有不规则结节状隆起，有须根及须根残基。节间表面平滑如茎秆，俗称“过桥”。其上部多残留褐色鳞叶，顶端常留有残余的茎或叶柄。表面灰黄色或黄褐色。质硬，断面不整齐，皮部橙红色或暗棕色，根部鲜黄色或橙黄色，呈放射状排列，髓部有时中空。气微，味极苦。

天下无敌——桉树

澳大利亚的桉树被誉为世界上生命力最强的树。这种树有 500 多个品种，树高可达 100 多米，矮的桉树有的仅有 1~2 米，呈灌木状。桉树的叶子是下垂的，其叶子的侧面向着阳光，这种生长特点既避开了灼热的阳光又减少了水分的蒸发，真可谓一举两得。为了对付频繁的森林火灾，桉树的营养输送管道都深藏在木质层的深处，种子则包裹在厚厚的木质外壳里。一场大火过后，只要树干的木心没有被烧干，生命力极其旺盛的桉树就会随着雨季的到来，尽显其生机勃勃的生命本色。桉树种子不仅不怕火，而且能借助大火把它的木质外壳烤裂，这样更便于其生根发芽。

桉树的作用

桉树的树叶含芳香油，有杀菌驱蚊的作用，可提炼芳香油。不仅如此，桉树还是疗养区、住宅区、医院和公共绿地的良好绿化树种。树皮和木材可用来制造纸浆。

解毒者——菠菜

波斯草

菠菜原产于尼泊尔，其种植历史已有2 000年之久，所以它有个别名叫作“波斯草”。波斯草传入中国，是尼泊尔人的功劳。唐代贞观二十一年（距今1 300多年前），尼泊尔国王那拉提波把菠菜作为一件礼物，派使臣送到长安，献给唐皇。当时中国称菠菜产地为西域菠薐国，这就是它被叫作“菠薐菜”又简化成今日的“菠菜”的原因。

菠菜中的 β－胡萝卜素是一种抗氧化剂，具有解毒作用，还是一种可以维护人体健康的营养素，在抗癌、预防心血管疾病、白内障及抗氧化上有着显著的功效，并在防止衰老方面也有着一定的作用。菠菜中的 β－胡萝卜素在进入人体后可以转变为维生素 A，食用菠菜是补充维生素 A 最安全的途径。菠菜中除了含有大量的胡萝卜素外，还含有大量的铁、维生素、叶酸和钾等，菠菜也因此具有较高的食疗价值。菠菜富含的丰富的维生素能有效地预防口角炎、夜盲等病症；菠菜中含有大量的抗氧化剂，能激活大脑功能；菠菜中的维生素 K，还具有强化人体骨骼的作用。

菠菜为一年生草本植物，它全体光滑，柔嫩多水分，幼根带红色。其叶互生；基部叶和茎下部叶较大；茎上部叶渐次变小，呈戟形或三角状卵形；花序上的叶变为披针形；有长柄。

分外甜——番薯

有生活经验的人都知道，番薯在刚收获时味道很淡，经过一段时间的储藏后，番薯的味道就会特别甜。这主要是因为，番薯在生长期间，因自身的温度相对较高，所以只积累淀粉，内含的糖分很少。同时因为此时番薯的水分较多，所以这时把番薯挖出来吃，番薯的甜味会很淡。如果把番薯贮藏一段时间，番薯中的水分就会减少，皮上会起皱纹。水分的减少对于甜度的提高有很大的影响。这主要有两个原因：一是水分蒸发导致水分减少，番薯中糖的浓度就会相对增加；二是在贮藏存放的过程中，水参与了番薯内部淀粉的水解反应，淀粉水解变成糖，使得番薯的糖分增多。这样，番薯贮藏久了以后，自然就会越来越甜了。

番薯形态大小差别很大，颜色也不同。基本上有红薯、白薯和紫薯 3 种。

贮藏方法

番薯的贮藏也很讲究方法。在贮藏中，番薯不可与马铃薯混合贮藏，因为番薯怕冷，马铃薯怕热。而且，番薯也不能够贮藏太久，如果时间过久，薯块就会腐烂。在我国农村，农民们通常会在地下挖一个地窖，用以贮藏番薯。天热时打开窖口降温、换气；天冷时盖住窖口保暖。这种地窖既可达到冷藏的效果，又可以起到保暖的作用。

番薯为旋花科一年生植物。蔓生草本，长两米以上，平卧于地面上。具地下块根，块根纺锤形，外皮呈土黄色或紫红色。

智多星训练营

番薯含有丰富的淀粉、膳食纤维、胡萝卜素、维生素以及多种微量元素和亚油酸等，被营养学家们称为“营养均衡的保健食品”。

吃番薯时一定要吃蒸熟煮透的。食用番薯不宜过量，中医诊断中的湿阻脾胃、气滞食积者应慎食。

大箩筐——复椰子树

复椰子树属棕榈科复椰子属。树高一般在 15～30 米；复椰子树的树干通直，直径大约为 30 厘米；叶呈大扇形，长 7 米、宽 2 米；雌雄异株。复椰子树的果实也像椰子一样，果皮是由海绵状纤维组成的。去了这个纤维，就能见到有硬壳的内核，即我们所称的种子。复椰子树的花从授粉结实到成熟前后要历时 13 年，而其种子发芽就需要历时 3 年，并且要求有强烈的阳光照射，每年只长一片叶子。复椰子树的种子在植物界中是最大的，一粒种子长达 50 厘米，种子的中间部位有个沟，好像两个椰子合起来的一样，每个复椰子种子重达 15 千克。而复椰子的整个果实长度可以达到 75 厘米，重 25 千克，所以复椰子树又被称为大实椰子树。

复椰子树是一种富有神秘色彩的树种。这种树雌雄异株，一高一低相对而立，合抱或并排生长。有趣的是，如果雌雄中一株被砍，另一株便会“殉情”枯死。

“实干家”

复椰子树的经济价值是非常可观的，椰子汁稠而醇香，是酿酒的极好原料。椰肉可以治病，煮汤饮服可治吐血或久咳不愈；椰肉榨出的油能用于烹调、点灯或制洗涤剂。复椰子树的叶可以编织草帽、草席，在盖房的时候还可以用来铺垫房顶。复椰子树的树干木质坚硬，可用于建筑、造船和制作家具。椰壳还可以用于雕刻精美的工艺品。

复椰子树树叶呈扇形，宽 2 米，长可达 7 米，最大的叶子面积可达 27 平方米，活像大象的两只耳朵。由于整棵树庞大无比，所以也被称为“树中之象”。

世界"油亨"——油棕

油棕是多年生单子叶植物，热带木本油料作物。油棕植株高大，茎直立，不分枝，呈圆柱状。叶片羽状全裂，雌雄同株，果实属核果。油棕形状非常像椰子，因此人们又称它为"油椰子"。油棕原产于西部非洲的热带雨林中，高约10米，树径30厘米左右。油棕四季开花，每个大穗能结上千个卵形的果实。油棕是世界上含油量最高的树，有"世界油王"之称。油棕的主要产品是棕油和棕仁油。棕油精炼后是营养价值极高的食用油脂，可做成人造奶油；棕油主要用来制造肥皂、润滑油、化妆品等，也是纺织业、制革业、铁皮镀锡业等的辅助剂。

油棕为直立乔木，高4~10米，羽状复叶，叶柄两侧分布有刺。小叶狭长，披针形；穗状花序，肉质；果实呈卵形。

救命之树——旅人蕉

旅人蕉是世界上最大的草本植物，高约 23 米，相当于六七层楼的高度。其茎叶粗大，有双臂合抱起来那么粗，通常会被人误认为是一种多年生乔木。旅人蕉又叫水树、救命树，属于旅人蕉科，原产于马达加斯加热带沙漠地区，是马达加斯加的国树。旅人蕉不仅可为人们遮挡烈日强光，还是天然的饮水站。其叶片硕大，状如巨大的折扇，又似开屏的孔雀，基部就如同一只巨大的汤匙，在阴雨天气时，那里常常储满雨水，行人只需在叶鞘上挖一个洞，甘泉便涓涓流出，一天后还可以继续为旅行者提供饮水。因此，旅行者在长途跋涉、干渴难耐时遇到旅人蕉，只要摘下一片叶子，就可以解除干渴，“旅人蕉”也因此而得名。

旅人蕉植株高大挺拔，娉婷而立，貌似树木，实为草本，叶片硕大奇异，状如芭蕉，左右排列，对称均匀，它的水分贮藏在粗大的叶柄基部。

沧海一粟——斑叶兰

斑叶兰全株除叶和内轮花被外都有腺毛，茎高10~30厘米。茎基部叶卵形或卵状披针形，长2~8厘米，宽1~2厘米，表面深绿色，有灰白色斑纹，叶柄长1~2厘米；茎上部叶呈小线状披针形至披针形。花序有花3~20多朵；花较小，斜卵形；萼片呈卵状披针形，长8~10毫米，顶端钝；两侧花瓣呈宽倒披针形，唇瓣基部内陷成半圆形囊状，里面有毛；蕊柱长约为萼片长的3/5。蒴果呈倒卵状椭圆形。花期9~10月。产于宜兴、溧阳，生于山坡或山谷林下阴湿处；分布于安徽、浙江、江西、福建、湖北、湖南、广东、四川、贵州以及西藏东南部。斑叶兰全草可入药，能清肺止咳、解毒消肿、止痛，治肺结核咳嗽、支气管炎；外用治毒蛇咬伤、病疖疮疡。

斑叶兰花期在9~10月，花茎直立，高出叶面许多，每一花序有花3~20余朵；花较小，乳白色，质地晶莹，歪歪斜斜地缀在花茎上。

斑叶兰花的造型也极有意思，从上往下看，形如一只迷你版的小白鸽，从下往上看，因唇瓣上有两个深绿色的斑点，又像一只小白虾，总之仔细端详，还是值得玩味的。

最小的种子

斑叶兰的种子大约是迄今为止所知道的最小的种子。它的种子小如灰尘，50 000 粒种子只有 0.025 克重。斑叶兰的种子结构极其简单，只有一层薄薄的种皮和部分养料。斑叶兰的种子随风自由自在地飘扬，四处传播，因其种子数量繁多，所以总会有一些种子能够进行繁殖。斑叶兰种子的这种传播方式能够使其更好地适应环境，并得以生存繁衍。

因种子太小，斑叶兰几乎不太可能由种子萌发来繁殖，一般都只能分株繁殖，这就致使斑叶兰数量稀少。目前，斑叶兰被列为国家二级保护植物。

历史悠久的本土蔬菜——韭菜

韭菜原产于我国。早在两千多年前的汉代，我国就已经拥有利用温室生产韭菜的技术了，到了北宋时期已开始生产韭黄。三百多年前，我国韭菜覆盖栽培技术就已经开始广泛应用了。时至今日，我国的韭菜品种和栽培技术仍位于世界前列。公元 9 世纪时，韭菜传入日本，后逐渐传入东亚，北至库页岛、朝鲜，南到越南、泰国、柬埔寨，东达美国的夏威夷等许多地区。目前，韭菜在我国的种植范围极广。其范围东至沿海，西至西北高原，东南至台湾，北至黑龙江，全国几乎所有的省份都有种植。可以说，韭菜是我国栽种范围最广的蔬菜之一，平均每年的种植面积约占全国菜田总面积的 5%~6%。

韭菜为多年生草本植物，植株高 20~45 厘米。具有特殊强烈气味。根茎横卧，鳞茎呈圆锥形，簇生。

贡献者

韭菜含有挥发性的硫化丙烯，因此具有辛辣味，有促进食欲的作用。韭菜除用来做菜外，还有良好的药用价值。其根味辛，入肝经，温中、行气，散瘀，叶味甘辛咸，性温，入胃、肝、肾经，温中、行气、散瘀、补肝肾、暖腰膝、壮阳固精。韭菜活血散瘀，理气降逆，温肾壮阳，韭汁对痢疾杆菌、伤寒杆菌、大肠杆菌、葡萄球菌均有抑制作用。

韭菜叶基生，呈条形、扁平状，长 15~30 厘米，宽 1.5~7 毫米。其伞形花序呈簇生状或球状，多花；花梗为花被的 2~4 倍长，花、果期为 7~9 月。

杀菌“大师”——大蒜

蒜属于葱科蒜属，它是一种多年生宿根性草本植物，原产于中亚及地中海地区。青蒜完全成熟后，叶片枯萎，鳞茎结成球体，即蒜球。当蒜白萎缩，蒜球结实坚硬时就可以采收了。大蒜具有强心、促进血液循环、消除疲劳和延年益寿的功效。蒜的实际价值就如蛇毒一样珍贵。大蒜是细菌的“天敌”，蒜内含有挥发性大蒜素，是一种天然广谱抗菌素，如将生大蒜放入口内咀嚼5分钟，口腔中的细菌将会被全部杀灭。可以说，蒜就是天然的“青霉素”。常吃蒜，能够起到预防感冒、预防癌症、降低胆固醇等功效。

大蒜为多年生草本植物，具有强烈蒜臭气。其鳞茎大形，具6~10瓣，外包灰白色或淡紫色的膜质鳞被。

紫皮蒜和白皮蒜

大蒜有很多品种，按照鳞茎外皮的色泽分类，可分为白皮蒜与紫皮蒜两种。白皮蒜有大瓣和小瓣两种，辛辣味较淡，比紫皮蒜耐寒，多秋季播种，成熟期略早；紫皮蒜的蒜瓣少而大，辛辣味浓，产量高，多分布在华北、西北与东北等地，耐寒力弱，多在春季播种，成熟期晚。

大蒜叶基生，实心，扁平，呈线状披针形，宽约 2.5 厘米，基部呈鞘状。大蒜花茎直立，高约 60 厘米；伞形花序，小而稠密，具苞片 1~3 枚，片长 8~10 厘米，膜质，浅绿色。

大蒜花为小形，花柄细，长于花；花被粉红色，呈椭圆状披针形，种子为黑色。花期在夏季。

长命树——龙血树

龙血树属龙血树科植物，全世界有 150 多种，我国南方的热带雨林中有 5 种。它的生长速度十分缓慢，几百年才能长成一棵树，几十年才开一次花，是一种十分珍贵稀有的树。龙血树是世界上寿命最长的树，它原产于我国南部及亚洲热带地区，其他种类分布于非洲热带地区。

龙血树的叶子没有叶柄，密生于茎顶部，厚纸质，呈宽条形或倒披针形，长 10~35 厘米，宽 1 ~5.5 厘米，基部扩大抱茎，近基部较狭，中脉背面下部明显，呈肋状，顶生大型圆锥花序长达 60 厘米，1~3 朵簇生。

智多星训练营

1868年，著名的地理学家洪堡德在非洲俄尔他岛考察时，发现了一棵年龄已高达8 000岁的植物"老寿星"。可惜这棵树已被刚发生的大风暴折断。这是迄今为止可知道的植物中最高寿的，这棵长寿的树叫龙血树。

龙血树是一种常绿小灌木，树高可以达到4米，它的皮是灰色的。

龙血树花是白色的，浆果为球形黄色。作为一种常绿植物，龙血树的树脂有防腐的功效，因此常被用来制成防腐剂。

抗旱抗涝专家——高粱

高粱能耐旱，是因为它对水分的利用有“开源节流”的本领。它对水分吸收得多，损耗得少，所以能够在干旱的季节里保持体内的水分平衡，增强了自身的抗旱力。另外，高粱还具有一定的抗涝能力。一般来说，涝灾主要不是因为多水（植物的根系浸在水里也能很好地生长），而是由于缺氧。土壤中积水过多，会排除掉土壤中的氧气，使得根系得不到足够的氧气而死亡。高粱的根系对缺氧所造成的危害具有一定的抵抗能力。此外，高粱茎秆高，又比较坚硬，水分不易渗入，这也是它能抗涝的原因之一。当然，浸水过深过久，特别是混在有泥沙的水中，高粱也是要受害的。

高粱为一年生草本植物。秆实心，中心有髓。分蘖或分枝。叶片似玉米，厚而窄，被蜡粉，平滑，中脉呈白色。

考古发现

考古学家在莫桑比克的一个溶洞中发现了各种石器，距今约10.5万年，石器上面粘有许多当地的一种高粱的颗粒。洞穴中没有充足的阳光和水分，不适合作物生长。很明显，这些高粱颗粒肯定不是出自洞穴，应该是当时人们从洞穴外采摘大量的高粱作物，然后拿到洞穴中，并在石器上磨出谷粒。迄今为止，这是人类食用高粱的最早发现。

高粱按性状及用途可分为食用高粱、糖用高粱、帚用高粱等类，高粱属有40余种，广泛分布于东半球热带及亚热带地区。

高粱为圆锥花序，穗形有带状和锤状两类。颖果呈褐、橙、白或淡黄等色。种子卵圆形，微扁，质黏或不黏。

分布最广——狗牙根草

世界上分布最广的植物是狗牙根草，属禾本科狗牙根属多年生草本植物，又名百慕大草、绊根草、地板根。它是我们在水沟边、路旁、草地、农田等处常见的一种茅草，这种草生命力非常顽强，在温带、亚热带地区均有分布。狗牙根草随着秋季寒冷温度的到来而退色，并在整个冬季进入休眠状态。叶和茎内色素的损失使狗牙根呈浅褐色。狗牙根适应的土壤范围很广，但最适于生长在排水较好、肥沃、颗粒较细的土壤上。

狗牙根具有发达的根状茎和细长的匍匐茎，匍匐茎扩展能力极强，长可达 1~2 米，每茎节着地生根，可繁殖成新株。

由于狗牙根草坪的耐践踏、可再生，抗恶劣环境能力极强，耐粗放管理，且根系发达，因此常应用于机场景观绿化，堤岸、水库水土保持，高速公路、铁路两侧等处的固土护坡绿化工程，是极好的保持水土的植物品种。

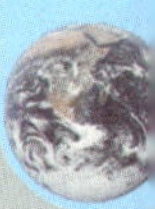

智多星训练营

狗牙根是适于世界各温暖潮湿和温暖半干旱地区种植的多年生草本植物，喜欢光、热，抗旱、耐热能力强；耐践踏；质地较细，对养护管理要求不高，在轻盐碱地上也能很快地生长，侵占性强，因此狗牙根草被广泛用于高速公路、公园、广场、飞机场等绿地上。

狗牙根叶色浓绿，性喜光，稍耐荫、耐旱，喜温暖湿润，具有一定的耐寒能力。

惊人的生长速度——毛竹

毛竹的生长过程可谓是自然界的一大奇观。该竹在种植期前 5 年丝毫不长，但到了第 6 年雨季到来的时候，它会以每天 1.8 米的速度向上急蹿，最后大约可以长到 27 米高，并成为竹林中的“高个子”。更加奇特的是，在毛竹的那段生长期里，它周围方圆 10 多米内的植物都会停止生长，等到毛竹的生长期结束后，这些植物才又获得了生长的机会。

这一现象引起了人们的极大兴趣。经过研究，人们发现，事实上，毛竹前 5 年并不是没有长，而是向地下生根，为它 5 年后“长高”打下了坚实的基础。同时，向周围蔓延伸展的毛竹根系，“侵占”了周围其他植物的根系发展空间，使其无法获得生长所必需的水分及养料，所以在第六年雨季到来的时候，毛竹可以独自快速地生长，而它周围的植物只能暂停生长。

毛竹广泛分布于 400~800 米的丘陵、低山山麓地带，以四川省长宁、江安、兴文等县最为集中。

毛竹竿高，叶翠，四季常青，秀丽挺拔，经霜不凋，雅俗共赏。

中国是毛竹的故乡，长江以南，生长着世界上 85%的毛竹。

智多星训练营

一般，毛竹林的林下植被有油茶、姜子等，草本植物主要为禾本科、莎草科和蕨类植物等。有时，毛竹也与杉木、马尾松花等树木组成各种类型的混交林。

图书在版编目（C I P）数据

动植物王国中的那些奇葩 / 崔钟雷主编. -- 北京：知识出版社，2014.8

（奇趣百科大揭秘）

ISBN 978-7-5015-8178-8

Ⅰ. ①动… Ⅱ. ①崔… Ⅲ. ①动物 – 青少年读物②植物 – 青少年读物 Ⅳ. ①Q95-49②Q94-49

中国版本图书馆 CIP 数据核字(2014)第 193101 号

奇趣百科大揭秘——动植物王国中的那些奇葩

出 版 人 姜钦云
责任编辑 周玄
装帧设计 稻草人工作室
出版发行 知识出版社
地　　址 北京市西城区阜成门北大街 17 号
邮　　编 100037
电　　话 010-88390659
印　　刷 北京一鑫印务有限责任公司
开　　本 889mm × 1194mm 1/16
印　　张 8
字　　数 60 千字
版　　次 2014 年 9 月第 1 版
印　　次 2020 年 2 月第 3 次印刷
书　　号 ISBN 978-7-5015-8178-8
定　　价 28.00 元